NOUVELLE

THÉORIE DES MARÉES

LE MOUVEMENT DIFFÉRENTIEL

PAR

F. de SAINTIGNON

MAITRE DE FORGES

INSPECTEUR ADJOINT DES FORÊTS EN DISPONIBILITÉ

BERGER-LEVRAULT ET Cⁱᵉ, LIBRAIRES-ÉDITEURS

PARIS | NANCY

5, RUE DES BEAUX-ARTS | 18, RUE DES GLACIS

1894

NOUVELLE

THÉORIE DES MARÉES

LE MOUVEMENT DIFFÉRENTIEL

PAR

F. de SAINTIGNON

MAITRE DE FORGES

INSPECTEUR ADJOINT DES FORÊTS EN DISPONIBILITÉ

BERGER-LEVRAULT ET Cie, LIBRAIRES-ÉDITEURS

PARIS	NANCY
5, RUE DES BEAUX-ARTS	18, RUE DES GLACIS

1894

Tous droits réservés

INTRODUCTION[1]

En partant des lois de la gravitation universelle, Laplace est arrivé, par une théorie, qui est un chef-d'œuvre impérissable de génie et de calculs, à expliquer les phénomènes très complexes des marées. Mais cette théorie est très difficile et ne peut être comprise que des personnes plus initiées que nous aux mathématiques. Malgré des efforts inouïs, il nous a été impossible de l'approfondir, et nous avons dû chercher directement l'explication de ces phénomènes qui avaient pour nous un attrait irrésistible. Nous nous mimes résolument à l'œuvre, et nous fûmes amplement récompensé de notre audace, par la découverte d'un principe nouveau qui nous a permis, par des déductions presque immédiates, d'expliquer simplement les phénomènes des marées et même ceux des oscillations atmosphériques et des tremblements de terre, en suivant pour ainsi dire pas à pas le mouvement de chaque molécule dû à l'action dynamique des astres, ainsi que celui des courants qui en sont la contre-partie.

---

1. Nous avons déjà exposé le principe du mouvement différentiel dans une note que M. Daubrée a bien voulu nous faire l'honneur de présenter à l'Académie des sciences le 26 décembre 1882 ; nous avons depuis publié un premier mémoire intitulé : *Le Mouvement différentiel*, que nous reproduisons sous une autre forme, en le complétant et en répondant à certaines objections faites.

LE MOUVEMENT DIFFÉRENTIEL.

Fig. 1.

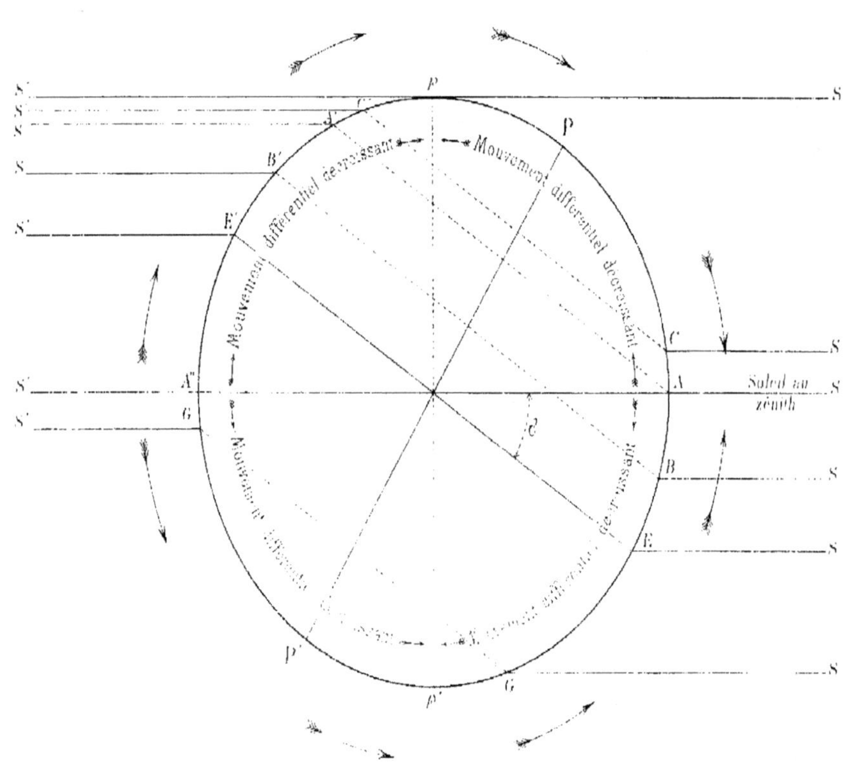

Légende:

PAP'	Méridien du lieu.
PP'	Ligne des pôles.
EE'	Ligne équatoriale
AOE	Angle de la déclinaison du soleil
SC,SA	Action du soleil à midi.
SC',SA'	Action du soleil à minuit

Les flèches extérieures indiquent la direction
des forces attractives réelles horizontales

NOUVELLE
THÉORIE DES MARÉES

LE MOUVEMENT DIFFÉRENTIEL

PREMIÈRE PARTIE
MARÉES

CHAPITRE PREMIER
THÉORIE ACTUELLE DES MARÉES

Rappelons d'abord le principe général sur lequel repose la théorie actuelle des marées.

Soient (fig. 2, page 6): O le centre de la terre, E, E' deux molécules situées sur l'équateur, aux deux extrémités de son intersection avec un méridien, d la distance du soleil au centre O de la terre.

La molécule E est plus attirée vers le soleil que le centre O, donc elle cherche à se détacher de la terre.

La molécule E' est moins attirée que le centre O, donc la terre cherche à s'en détacher [1], et l'effet produit est le même en E qu'en E', c'est-à-dire que la mer y est soulevée.

En désignant par m la masse du soleil, par f le coefficient d'attraction, les trois forces agissant en E, 0, E' seraient :

$$\frac{fm}{(d-1)^2}, \qquad \frac{fm}{d^2}; \qquad \frac{fm}{(d+1)^2}$$

et les différences de forces entre E et 0, E' et 0 seraient :

$$\frac{1-\frac{1}{2d}}{1-\frac{1}{d}}\left(\frac{2fm}{d}\right) \qquad \text{et} \qquad \frac{1+\frac{1}{2d}}{1+\frac{1}{d}}\left(\frac{2fm}{d}\right)$$

Si l'on néglige $\frac{1}{d}$ très faible, les deux différences deviennent identiques.

On a supposé quatre forces agissant sur les molécules E, E' : la pesanteur, la force centrifuge, l'attraction de la lune ou du soleil, dont l'intensité variera avec la distance et, enfin, une force égale à celle de l'attraction du soleil sur le point 0 (où toute la masse de la terre est considérée comme concentrée).

Cette quatrième force, identique pour toutes les molécules, agissant en sens contraire de la troisième, donne une différence qui, combinée avec la pesanteur et la force centrifuge, produit une résultante, laquelle, pour que l'équilibre existe, devrait être normale à la surface du liquide et dirigée vers l'intérieur de la masse fluide.

Le principe de l'indépendance des mouvements nous autorise à étudier toutes ces forces séparément. Que risquons-nous? Leur examen indiquera peut-être des suppressions utiles.

---

1. Cette double conception nous semblerait contradictoire ; si la force attractive est capable de détacher la molécule E à midi, à minuit cette force, agissant dans le sens de la pesanteur, maintiendrait d'autant plus la molécule E' contre la terre ; s'il y a marée haute d'un côté, il y aurait marée basse de l'autre, les deux actions de la force étant de signe contraire.

La pesanteur, force permanente, à peu près la même partout, donne un état d'équilibre général qui n'affecte en rien l'action des astres ; nous en dirons autant de la force centrifuge, dont le rôle, cependant variable, comme nous le verrons, suivant les latitudes et les profondeurs, n'empêche pas l'étude isolée des forces attractives.

La 4° force, qui est une force hypothétique, la même pour toutes les molécules, peut, *à fortiori*, être supprimée.

Il ne reste donc plus à examiner que la 3°, qui est la force attractive du soleil ou de la lune, laquelle peut elle-même se décomposer en deux autres : la force verticale et la force horizontale.

Ayant rapproché de la force si faible de l'attraction de la lune ($\frac{1}{12\,000\,000}$ de la pesanteur), le mouvement considérable de la mer, il nous a semblé que l'explication de ce phénomène ne pouvait être fournie par l'action verticale directe, puisque pour soulever un corps, il faut lui appliquer une force supérieure à celle de la pesanteur ; et nous ne pouvions davantage admettre que la force verticale considérée, appliquée à toutes les molécules d'une même masse, pût les soulever partiellement alors qu'elle n'en peut soulever une seule.

Recherchant alors l'explication dans l'action progressive de la composante verticale, combinée avec la composante horizontale, pour élever graduellement la molécule le long d'un plan incliné, nous avons dû supposer à cette molécule un parcours de 12 000 000 de mètres pour qu'elle pût gravir ainsi 1 mètre seulement.

Nous avons rejeté bien vite cette troisième hypothèse comme inadmissible, attendu que la force attractive des astres est manifestement trop faible pour produire pareil mouvement deux fois par jour.

Nous avons donc conclu que si la composante verticale de la force ne pouvait intervenir dans l'explication des marées, nous devions, par élimination et nécessairement, trouver dans la composante horizontale seule, incomparablement plus énergique, le secret de ces phénomènes.

CHAPITRE II

THÉORIE NOUVELLE — LE MOUVEMENT DIFFÉRENTIEL

Lorsqu'un liquide est en équilibre, la force nécessaire, pour le mettre en mouvement dans le sens horizontal, est au moins égale à la somme des résistances qui sont : l'inertie et le frottement.

On nous accordera que les actions lunaire et solaire sont suffisantes pour ce déplacement, puisqu'on admet, jusqu'à présent, qu'elles suffisent même au mouvement vertical, bien autrement difficile.

A cause de la faiblesse même de la force et des résistances de toutes sortes qui seraient opposées à un courant, nous avons pensé que l'action devait se manifester par un mouvement particulier, moléculaire et local ; nous avons été ainsi amené à considérer l'action dynamique horizontale des astres, de molécule à molécule.

Dans un liquide à l'état de repos, toutes les forces agissant sur deux molécules contiguës, situées sur une même horizontale, sont égales et contraires et peuvent être annulées.

Si ce liquide est transporté parallèlement à lui-même, sous l'action d'une force donnant une même vitesse à toutes les sections perpendiculaires à la direction de ce mouvement, rien ne sera changé au niveau supérieur, puisque chaque section remplacera la précédente dans des conditions identiques et l'on pourra sans inconvénient supprimer la force commune de translation, dans l'étude de la modification à la surface, qui seule nous préoccupe.

Lorsque deux voyageurs se tiennent sur un bateau en marche, la distance qui les sépare est indépendante de la vitesse de ce dernier ; s'ils se promènent, c'est uniquement la différence de leur allure qui marquera la distance. En fait, dans le calcul de cette différence on aunule toutes les vitesses communes de translation des deux voyageurs, sur le bateau, autour de la terre et dans l'espace.

Notre étude devant porter, comme nous l'avons dit plus haut, sur des mouvements essentiellement locaux, nous avons suivi l'action horizontale des astres sur deux molécules contiguës, en opérant comme pour les deux voyageurs, c'est-à-dire en calculant la position relative de ces molécules, après avoir supprimé la vitesse ou la force commune de translation.

Nous avons ainsi considéré dans le mouvement général de translation le mouvement relatif produit, qui est évidemment d'autant plus considérable que la différence des deux forces adjacentes est plus grande ; les deux molécules, comme les deux voyageurs, se sépareront d'autant plus que les forces qui les solliciteront seront plus différentes.

Le mouvement de séparation variable des molécules s'étendant ainsi dans toutes les profondeurs des sections contiguës de la mer, y provoquera comme un déchirement se manifestant par un mouvement moléculaire réel, qui modifiera le niveau supérieur : celui-ci s'abaissera évidemment, là où le mouvement sera le plus considérable, pour s'élever plus loin, là où il diminue et où la mer doit faire place aux molécules provenant de la dépression.

Mais la condition d'inégalité des forces horizontales entraînant la mer est nécessaire à notre hypothèse :

Or, quelles seraient les forces qui, autres que celles de l'attraction de la lune et du soleil sur la mer (et notre atmosphère), posséderaient ce privilège de l'inégalité, pour ainsi dire à l'infini ?

Les angles que ces deux astres font sur les horizons de notre planète varient de 0° à 90° et ne sont jamais identiques sur deux points voisins.

Lorsque le soleil est à midi au zénith de l'équateur, sa hauteur au-dessus de l'horizon varie indéfiniment *de molécule à molécule* de l'équateur aux pôles et sa force attractive f passe par toutes les valeurs depuis $f \cos 90°$ jusqu'à $f \cos 0°$, dans le méridien considéré.

Soient $H - \alpha$ l'angle que fait à ce moment le soleil avec un horizon (à la latitude $90° - H + \alpha$) et $H + \alpha$ l'angle qu'il fait avec l'horizon voisin contigu situé sur le même méridien.

Les forces attractives sont successivement $f \cos (H - \alpha)$ et $f \cos (H + \alpha)$.

Supprimant, d'après notre hypothèse, la partie commune de ces forces, il viendra une différence que nous appellerons *force différentielle*.

$$f \cos (H - \alpha) - f \cos (H + \alpha) = 2 f \sin H \sin \alpha$$

Nous avons vu plus haut que la force attractive horizontale vraie varie indéfiniment, suivant l'angle qu'elle fait avec l'horizon ; cette dernière égalité nous montre que la force différentielle elle-même varie et qu'elle est proportionnelle au sinus de l'angle que fait la force attractive avec l'horizon.

Dans l'exemple que nous venons de choisir, la force différentielle sera maximum à l'équateur, pour diminuer progressivement jusqu'aux pôles où elle sera nulle.

Elle provoquera ainsi un mouvement moléculaire qui aura lieu dans le même sens.

Ce mouvement, maximum à l'équateur, nul aux pôles, donnera une nouvelle forme à la mer ; celle-ci se déprimera là où le débit moléculaire sera le plus considérable pour former plus loin une surélévation, car la mer ne saurait baisser partout à la fois (fig. 2).

Et l'on aura ainsi la marée basse à midi, dans la région équatoriale, et la marée haute à des latitudes plus élevées : phénomène que l'on constate d'ailleurs.

Cette véritable montagne d'eau dominant l'équateur et les pôles, se déversera vers ces deux régions, lorsque les forces attractives seront dans la période décroissante, pour produire la marée haute des deux côtés et laisser la marée basse entre l'équateur et les pôles.

Nous avons vu que dans le mouvement général de translation des sections de la mer, il se produisait un mouvement relatif indépendant de la direction générale de la force attractive réelle, puisque celui-ci va toujours des forces différentielles les plus grandes vers les forces les plus faibles.

Nous croyons cependant qu'il sera intéressant, à cause de l'impor-

DÉNIVELLATION DE LA MER
SOUS L'ACTION DIFFÉRENTIELLE DES ASTRES.

Fig. 2

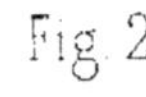

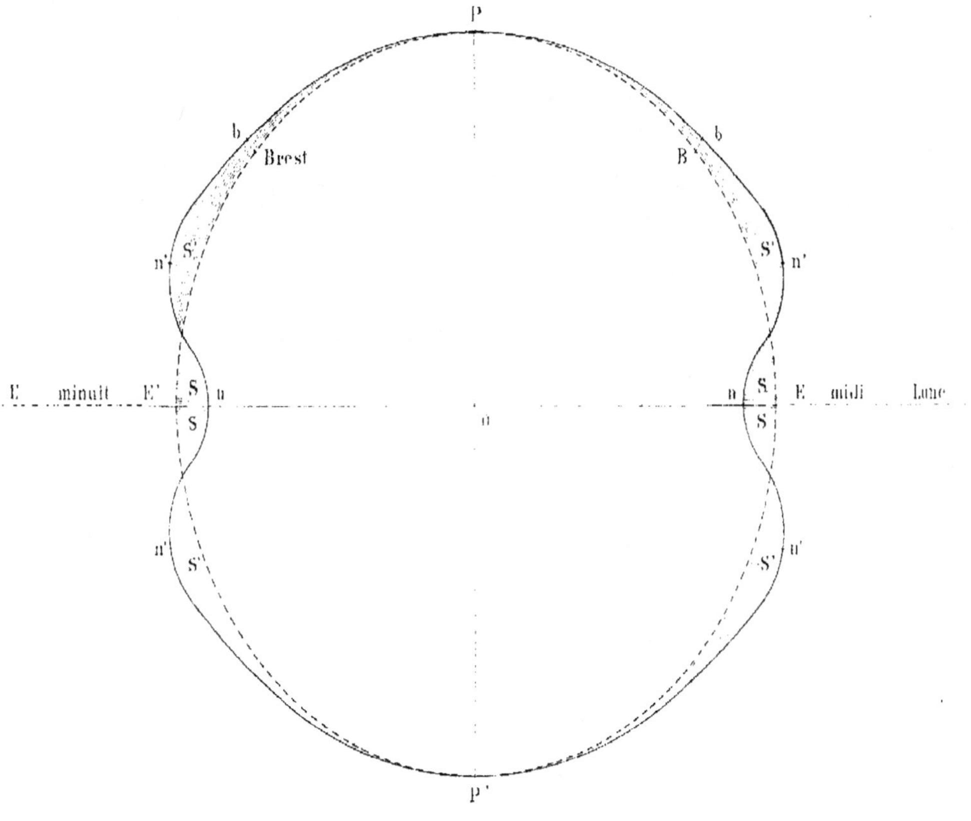

S = S'

Similitude des deux Actions Demi-Diurnes des Forces Différentielles.

Fig. 3

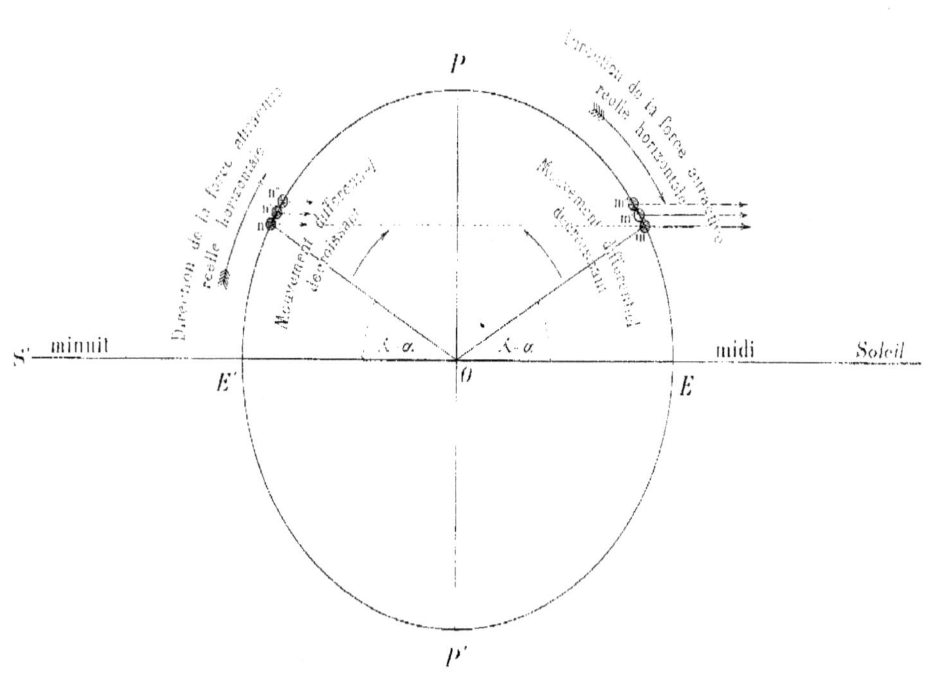

Force différentielle en m et n : φ = 2f sin (90° λ + α.)
Force différentielle en m' et n' : φ = 2f sin (90° - λ - α.)

tance de ce principe, d'expliquer encore autrement comment se passe le phénomène et d'établir que l'action différentielle horizontale des forces attractives est bien la même à midi qu'à minuit, produisant la double oscillation constatée, qui se traduit par les deux marées semi-diurnes.

On sait que lorsqu'un corps exerce une poussée sur un autre corps, celui-ci exerce à son tour sur le premier une réaction égale à l'action et le déplacerait, comme si une poussée contraire et d'égale intensité lui était appliquée ; et c'est surtout dans les fluides, où les molécules sont essentiellement mobiles, que ce principe trouve une remarquable application.

Donc, sous l'action de deux forces adjacentes différentes, soit que les deux molécules tendent à s'écarter, soit que, l'une pressant l'autre, celle-ci repousse la première, on pourra admettre, dans les deux cas, que ces forces tendent à les écarter également. Or, dans l'hypothèse que nous avons adoptée, la force différentielle (différence de forces très faibles et presque égales) est tellement inférieure à la force d'inertie, que lorsqu'une molécule pressera la suivante, on pourra admettre que celle-ci, opposant la force d'inertie, la repoussera comme si la force différentielle, seule considérée, était appliquée à leur sépa-ration.

Il nous a semblé intéressant d'étudier ce double phénomène sur la mer elle-même.

Supposons un méridien PEP' (fig. 3, page 7) exposé à midi à l'ac-tion du soleil qui se trouve dans le plan équatorial.

Soient m, m', m'', trois molécules de la mer aux latitudes très voi-sines $\lambda - \alpha$, $\lambda + \alpha$, $\lambda + 3\alpha$; n, n', n'', les molécules correspondantes des mêmes latitudes à minuit ; les forces horizontales vraies en jeu sont égales à $\cos(90° - \lambda + \alpha)$, $\cos(90° - \lambda - \alpha)$, $\cos(90° - \lambda - 3\alpha)$.

Sous l'action horizontale de la force attractive du soleil à midi, la molécule m'' est plus attirée vers E que la molécule m'. Celle-ci, op-posant la force d'inertie, la repoussera dans le sens contraire et pro-duira une dépression entre m'' et m'.

De même la molécule m' sera repoussée par la molécule m ; mais comme, d'après notre calcul, la force différentielle en m est supérieure à la force en m', la dépression entre m' et m sera plus forte qu'entre m'' et m' et, finalement, le point le plus bas se trouvera entre m et m', c'est-à-dire du côté de la force différentielle la plus grande.

A minuit, la molécule n'' sera plus attirée vers P que la molécule n', elle s'en détachera donc en produisant une dépression entre n et n', il en sera de même de la molécule n' qui provoquera une plus grande dépression entre n et n', de sorte que le point le plus bas sera encore, dans ce cas, du côté de la force différentielle la plus grande [1].

On peut donc déjà conclure qu'à part l'influence de la distance du soleil qui varie du double rayon terrestre, les actions de cet astre sur la mer sont les mêmes à midi qu'à minuit.

---

1. Une feuille de caoutchouc que l'on maintiendrait d'une main et sur laquelle on exercerait une traction de l'autre, se comporterait comme le fait la mer en n, n', n''; elle se déprimerait proportionnellement à la traction. La réciproque, en m, m', m'', ne serait pas exacte, à cause de la cohésion des molécules du caoutchouc.

DOUBLE DÉPRESSION
PRODUITE PAR LE SOLEIL AU ZÉNITH

Fig. 4.

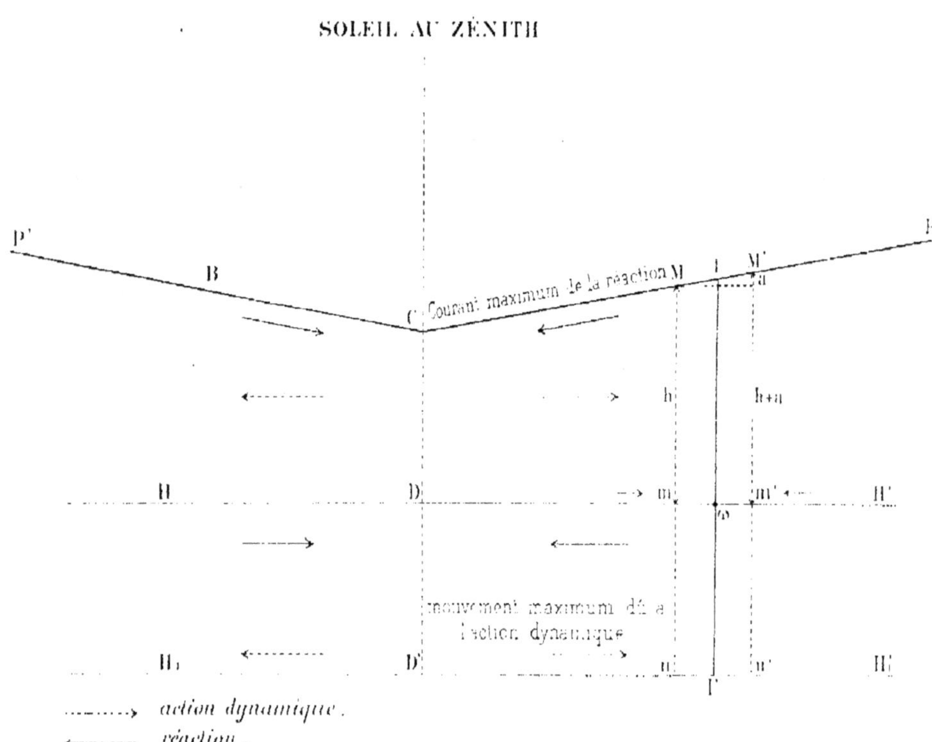

CHAPITRE III

LA PROFONDEUR DE LA MER INTERVIENT
DE LA MÊME FAÇON QUE LA FORCE DIFFÉRENTIELLE
ET A LA MÊME IMPORTANCE

On conçoit *à priori* que la profondeur de la mer doive avoir une importance considérable, dans les perturbations dues aux forces attractives des astres.

Cette masse mise tout entière en mouvement, d'une façon particulière, trouve certainement dans son immensité un coefficient qui intervient largement dans les calculs.

Dans le conflit moléculaire de sections entraînées avec des vitesses variables, il se produit, comme nous l'avons vu, un mouvement relatif dont la cause unique est la force différentielle, ayant pour expression $2 f \sin H \sin \alpha$, et dont l'effet est la rupture de l'équilibre du niveau supérieur.

Sous l'action directe de cette force différentielle, variable de section à section, il se produit un véritable mouvement moléculaire également variable, qui a pour conséquence, non seulement de modifier le niveau, en l'abaissant ou en l'élevant, mais de l'incliner vers le point où la force est la plus grande.

Il nous reste à examiner quelle est la force nécessaire pour faire passer une molécule d'une section dans une section contiguë, et comment varie cette force suivant les profondeurs considérées.

Soit PCP' (fig. 4) la trace d'un méridien sur la mer à midi, à l'équateur, le soleil étant au zénith ; a, la différence de niveau entre deux éléments très rapprochés M et M'.

D'après notre hypothèse, il existe une dépression en C représentée par l'inclinaison des deux lignes CP, CP' allant vers les pôles.

Concevons un plan vertical perpendiculaire à la ligne HH′ et dont la trace sur notre figure sera ll'.

Supposons ce plan solidifié et examinons quelles sont les pressions exercées sur un élément infiniment petit ω, pris à l'intersection du plan et de la ligne HH′. Soient $h + a$ et h les profondeurs auxquelles se trouvent les deux éléments m, m', très rapprochés de chaque côté de ce plan sur l'horizontale HH′.

D'après le principe de Torricelli, la pression exercée de droite à gauche sur l'élément ω est celle capable de lui donner une vitesse égale à $\sqrt{2g\,(h + a)}$; tandis que la pression contraire, de gauche à droite, lui donnerait une vitesse de $\sqrt{2gh}$.

La force capable de résister à la poussée finale vers D sera donc celle pouvant faire équilibre à la vitesse $\sqrt{2g\,(h + a)} - \sqrt{2gh}$.

Soit ρ la densité de la mer, la force φ, capable de résister à la poussée sur l'élément de surface ω, aura alors pour expression

$$\varphi = \left(\sqrt{2g\,(h + a)} - \sqrt{2gh}\right)^2 \rho\omega.$$

Ce qui peut se mettre sous la forme :

$$\varphi = \left(\frac{2ga}{\sqrt{2g(h + a)} + \sqrt{2gh}}\right)^2 \rho\omega.$$

En négligeant au dénominateur a très faible relativement à h, il vient

$$\varphi = \left(\frac{2ga}{2\sqrt{2gh}}\right)^2 \rho\omega = \frac{ga^2}{2h}\rho\omega$$

Et en supposant ρ et ω égaux à l'unité, nous obtenons

$$\varphi = \frac{a^2}{2h} \times g.$$

Cette formule nous montre que l'effort nécessaire, pour faire pénétrer une molécule d'une section dans une autre, diminuera comme le double de la hauteur considérée, et que pour résister à une même différence de niveau supérieur a, il faudra des forces diminuant dans cette même proportion du double de la hauteur.

Mais notre force différentielle φ, *qui reste invariable pour chacun des points d'une même verticale*, convenant à maintenir l'équilibre à la profondeur h, ne conviendra plus à la profondeur $h - c$, où elle sera trop faible, ni à la profondeur $h + c$, où elle sera trop forte : l'équilibre sera essentiellement instable.

La force toujours active sera en partie *débordée* dans la région supérieure, tandis qu'elle refoulera le fluide dans la région inférieure, jusqu'à ce que l'équilibre relatif entre l'action et la réaction soit atteint. La différence de niveau finale A, résultant alors de ce conflit moléculaire dans les deux sens, sera celle qui convient à la plus grande profondeur H et l'on aura $\varphi = \dfrac{A^2}{2H} \times g$.

Connaissant la force différentielle φ et la profondeur H de la mer, on obtiendra une différence de niveau, qui est pour nous la véritable marée ainsi que nous l'expliquerons plus loin, et l'on aura

$A = \sqrt{\dfrac{2H\varphi}{g}}$. Cette formule, qui résume toute notre théorie, est d'une simplicité remarquable. Elle nous montre que, dans le calcul des marées, la force différentielle est inséparable de la profondeur de la mer et qu'en fait, la force attractive des astres n'intervient que suivant sa racine carrée. Mais il est intéressant, et c'est ici qu'il y a lieu d'en parler, d'étudier également les phases du mouvement de la mer dans sa lutte contre la force différentielle.

Tandis que la profondeur H assurera la différence de niveau A, celle-ci, trop considérable pour les molécules situées à des profondeurs moindres, provoquera un mouvement contraire que nous appellerons courant de la *réaction*, représenté, toujours d'après le principe de Torricelli, par une vitesse égale à

$$V = \sqrt{2g(h - A)} - \sqrt{2gh} = \frac{2gA}{2\sqrt{2gh}}.$$

ou

$$V = A \sqrt{\frac{g}{2\,h}},$$

h étant la profondeur considérée [1].

L'action dynamique des forces horizontales aura donc pour effet de modifier le niveau de la mer par un mouvement invisible, augmentant progressivement de la surface à la partie inférieure, en raison *directe* de la racine carrée de la profondeur de l'endroit étudié ; à ce mouvement correspondra un véritable courant contraire, visible, allant en diminuant de la surface à la partie inférieure, en raison *inverse* de cette même racine carrée.

Nous aurons occasion de revenir à ce double mouvement en météorologie, pour expliquer la formation fréquente des tempêtes sur les côtes, les différentes altitudes souvent très considérables entre la mer et celles-ci, tendant à produire de grandes différences de niveau sur des points très rapprochés. Et d'après ce que nous savons de la vitesse des courants inférieurs, nous pouvons juger de leur violence dans les régions élevées.

---

(1) Nous n'arrivons à cette formule que parce que, ayant supposé A très petit à côté de h, nous l'avons supprimé au dénominateur. Pour le calcul de la vitesse du courant tout à fait supérieur, il faudrait rétablir l'égalité $V = \dfrac{2\,g\,A}{\sqrt{2\,g\,(h + A)} + \sqrt{2\,g\,h}}$ dans laquelle, faisant $h = 0$, il viendrai : $V = \sqrt{2\,g\,A}$, ce que nous savions déjà.

CHAPITRE IV

PRINCIPE NOUVEAU — VÉRITABLE MARÉE — VÉRIFICATION

En combinant l'action de la force différentielle des astres avec la profondeur de la mer, nous sommes parvenu à obtenir une formule qui doit nous donner le nouvel équilibre que prendra celle-ci et par suite la valeur de la vraie marée (voir fig. 2, page 6).

Cette formule pose un principe nouveau que nous croyons utile de préciser.

Lorsqu'un liquide, primitivement en équilibre, est soumis à l'action de forces horizontales adjacentes et inégales, dont les différences vont sans cesse en diminuant jusqu'à zéro, il se produit dans toute la masse un mouvement moléculaire particulier, dirigé et variant dans le sens des diminutions.

Il en résulte une modification générale du niveau supérieur, qui s'incline d'abord vers la plus grande différence de ces forces et ensuite, plus faiblement, vers la plus petite (fig. 2).

La différence de niveau entre deux points voisins tend à être proportionnelle à la racine carrée du produit de la force différentielle agissante, par la profondeur du liquide supposée constante, et inversement proportionnelle à la racine carrée de l'intensité de la pesanteur [1].

---

1. Nous avons supposé à ce liquide la densité de l'eau égale à l'unité. Pour toute autre densité, il y aurait lieu de modifier la formule, qui deviendrait $A = \sqrt{\dfrac{\rho H^2}{g^2}}$, et par suite le principe qui en découle.

Comme on le voit, l'importance de la dépression résultera du débit moléculaire de la section considérée.

Si la mer avait partout la même profondeur et s'il n'existait aucune île, ni continent, faisant obstacle au mouvement différentiel et aux courants de la réaction, le profil que prendrait l'Océan unique serait celui de la figure n° 2 et l'on observerait, deux fois par jour, une marée haute dans la région S′, en même temps qu'une marée basse dans les régions qui se trouvent au nord et au sud de celle-ci et réciproquement, environ 6 heures après, ce que l'expérience confirme d'ailleurs, d'une manière générale, et en particulier en ce qui touche la marée basse équatoriale et la marée haute qui en fait la contre-partie dans les latitudes plus élevées.

Quoi qu'il en soit, dans la formule

$$A = \sqrt{\frac{2\,H\,\varphi}{g}}$$

on constate que, pour un point déterminé, la seule variable est la force différentielle φ.

Pour une autre force φ' on aurait

$$A' = \sqrt{\frac{2\,H\,\varphi'}{g}}$$

d'où

$$\frac{A'^2}{A^2} = \frac{\varphi'}{\varphi} = \frac{2\,f'\sin H'\sin\alpha}{2\,f\sin H\sin\alpha} = \frac{f'\sin H'}{f\sin H}$$

d'où enfin

$$A' = A\sqrt{\frac{f'\sin H'}{f\sin H}}. \tag{3}$$

Dans l'hypothèse de l'astre dans le plan équatorial, on aurait $\sin H' = \sin H$ et la seule variable serait f, c'est-à-dire la force attractive vraie, variant en raison inverse du cube de sa distance à la terre.

Par expérience on pourrait déterminer le profil réel de la mer sous l'action de la force f et la formule (3) donnerait le profil convenant à la force f'.

Le soleil et la lune étant en zyzygie dans le plan équatorial, il faudrait ajouter les deux actions et l'on aurait, en désignant par F la force attractive de la lune, f celle du soleil :

$$A' = A \sqrt{\frac{F' + f}{F + f}}.$$

Nous pensons que le moment est venu, après avoir conclu de notre hypothèse que l'action différentielle horizontale des astres est *nécessaire* à l'explication des marées, de démontrer que cette action est *suffisante*. A cause des pertes de travail dues aux inégalités de profondeur et aux obstacles des îles et continents et des contre-courants qui en sont la conséquence, de l'état visqueux de la mer et des frottements de toutes sortes, il est évident que nous devons même démontrer que la force différentielle est bien supérieure à la force théoriquement nécessaire à la production de la marée, puisque nous ne parlons de ces résistances que pour mémoire.

Afin de simplifier le calcul et d'arriver à des conclusions par *à fortiori*, nous opérerons largement, nous tenant constamment au-dessous de la réalité.

Supposons que la pleine mer s'abaisse de **1** mètre à l'équateur en n (voir la fig. 2) pour s'élever en n' de 1 mètre également et que n' soit à la latitude de 18° $\left(\frac{2}{10} \text{ de } 90°\right)$. La différence de niveau entre n et n' sera de **2** mètres, et la pente ou le gradient sera de

$$\frac{2}{2\,000\,000} \qquad \text{ou} \qquad \frac{1^m}{1\,000\,000}.$$

C'est là pour nous la *véritable marée* ; sous l'action particulière de la force attractive des astres, la mer prend une forme telle que son niveau supérieur a une pente de $\dfrac{1^m}{1\,000\,000}$ par mètre : l'effort des astres sur la mer serait donc de maintenir cette différence de niveau, de la millième partie d'un millimètre par mètre.

L'esprit conçoit alors aisément qu'une force aussi faible que celle de l'attraction de la lune (la $\dfrac{1}{12\,000\,000}$ partie de la pesanteur) n'obtienne que semblable résultat.

Si nous prenons, comme l'exige notre hypothèse, la différence de niveau A entre deux points très rapprochés, de 1 millimètre par exemple, A sera égal à $\dfrac{1}{1\,000\,000 \times 1\,000}$ et nous devrons satisfaire à l'inégalité

$$\frac{1}{1\,000\,000 \times 1\,000} < \sqrt{\frac{2\,H\varphi}{g}}.$$

Supposant à la mer une profondeur de 490 mètres seulement, nous aurons $\dfrac{2H}{g} = 100$ et il viendra

$$\frac{1}{1\,000\,000\,000} < 10\sqrt{\varphi}.$$

D'autre part, on a $\varphi = 2\,f \sin H \sin \alpha$ et faisant $H = 90°$, on obtient $\varphi = 2\,f \sin \alpha$

Or f, force attractive de la lune, est égale à $\dfrac{1}{12\,000\,000}$; $\sin \alpha$ est, d'après notre hypothèse, égal au sinus de l'arc de 1 millimètre de notre sphère, c'est-à-dire à l'arc lui-même qui est de

$$\frac{1^{m}}{10\,000\,000 \times 1\,000}.$$

Nous devrons finalement satisfaire à l'inégalité

$$\left(\frac{1}{1\,000\,000\,000}\right)^{2} < \frac{100 \times 2}{12\,000\,000 \times 10\,000\,000 \times 1\,000},$$

ce qui peut se mettre sous la forme

$$\frac{1}{(1\,000\,000^{2}) \times 1\,000^{2}} < \frac{1}{6 \times (1\,000\,000^{2}) \times 100}$$

ou

$$\frac{1}{10\,000} < \frac{1}{6}$$

c. q. f. d.

On remarquera que si, au lieu de prendre 1 millimètre comme distance entre les deux éléments considérés M, M′, nous avions choisi une valeur plus faible, $\frac{1}{10}$ de millimètre par exemple, afin de nous rapprocher davantage de la limite, nous serions arrivé à un résultat encore plus probant. En effet, d'après notre principe même, si φ résiste à la différence de niveau A, $\frac{\varphi}{10}$ résisterait à la différence $\frac{A}{\sqrt{10}}$, tandis qu'il lui suffirait de résister à $\frac{A}{10}$ pour maintenir l'inégalité ci-dessus.

La nouvelle inégalité deviendrait, dans cette deuxième hypothèse :

$$\frac{1}{100\,000} < \frac{1}{6\sqrt{10}} \quad \text{ou} \quad \frac{1}{10\,000} < \frac{1}{1,9}.$$

Ayant constamment attribué des valeurs inférieures à la réalité, dans le second terme, et supérieures dans le premier, nous pensons avoir largement établi que la force horizontale différentielle de l'attraction des astres est suffisante à la création des marées.

Cependant nous croyons utile de faire remarquer que la force φ, adoptée dans nos calculs, est la force différentielle maximum des astres, envisagée à midi, laquelle n'agit qu'un instant. Si la marée théorique elle-même doit être inférieure à celle qui correspond à la valeur de φ considérée à ce moment, la grande différence existant entre les deux termes de l'inégalité ci-dessus peut donner tout apaisement de ce côté.

CHAPITRE V

VARIATIONS DES MARÉES

Afin de bien comprendre le principe même de notre théorie, nous avons dû choisir trois hypothèses caractéristiques. Nous avons envisagé :

1° L'action du soleil à midi sur un méridien ;

2° Cet astre dans le plan équatorial ;

3° Une mer également profonde et s'étendant de l'équateur aux pôles.

Mais la formule de la marée va nous montrer que le phénomène n'est pas aussi simple.

Nous avons en effet $a = \sqrt{\dfrac{2h\varphi}{g}}$.

Remplaçant φ par sa valeur, il vient

$$a = \sqrt{\frac{4\,hf \sin H \sin \alpha}{g}}.$$

Or $\sin \alpha$ est constant par hypothèse ; g, intensité de la pesanteur, varie dans des limites insignifiantes, et l'on peut poser

$$\sqrt{\frac{4 \sin \alpha}{g}} = C$$

d'où

$$a = C \sqrt{hf \sin H}.$$

Nous avons de la sorte trois variables : la profondeur de la mer, la force attractive réelle de l'astre, variant en raison inverse du cube de

la distance à la terre, et enfin et surtout, l'angle que fait le soleil avec
l'horizon.

Supposons pour le moment h et f constants et posons $C \sqrt{hf} = C'$;
Il viendra

$$a = C' \sqrt{\sin H}.$$

I. — VARIATION DE $\sqrt{\sin H}$.

La différence de niveau, ou ce qui revient au même, la marée, est
donc proportionnelle à la racine carrée du sinus de l'angle que fait
le soleil avec l'horizon. Et, comme nous l'avons vu dans l'exposition
de notre théorie, cette formule est vraie quelle que soit la position de
l'astre, le mouvement moléculaire produit ayant lieu constamment
dans le sens horizontal diamétralement opposé au soleil le jour, et
allant vers cet astre la nuit. (Voir fig. 1 en tête de l'ouvrage.)

Le soleil opérant sa révolution autour de l'horizon en 24 heures,
provoquera un mouvement moléculaire constamment variable mais périodique, car l'état d'un système de corps, dans lequel les conditions
primitives ont disparu, est périodique comme les forces qui l'animent.
Il fera à tout moment, avec deux points voisins situés sur le même
méridien, aux latitudes λ, λ', des angles dont les différences seront
toujours dans le même sens, de telle sorte que le mouvement différentiel qui en résultera, commencé au lever du soleil, où il est nul,
pour finir à son coucher, aura lieu dans le même sens également sans
interruption.

Soit en effet n l'heure considérée, d la déclinaison du soleil ; les
angles au-dessus de l'horizon, aux latitudes λ, λ', seront successivement :

$$90^\circ - \lambda \pm d - \frac{n}{6}(90^\circ - \lambda), \quad 90^\circ - \lambda' \pm d - \frac{n}{6}(90^\circ - \lambda')$$

et leur différence sera $(\lambda' - \lambda)\left(1 - \frac{n}{6}\right)$, toujours positive ou toujours
négative.

n varie de 0 à 6 heures, il est nul à midi et à minuit.

La marée, nulle au lever et au coucher du soleil, passera par un maximum à midi et un maximum à minuit, formant ainsi l'oscillation semi-diurne.

Elle prendra trois directions dans notre hémisphère ; allant d'abord vers l'ouest, elle se dirigera ensuite vers le nord, puis vers l'est pour revenir vers le nord.

Mais l'action différentielle augmentant avec la hauteur de l'astre au-dessus ou au-dessous de l'horizon, le mouvement sera maximum à midi, *en plein sud-nord,* et à minuit *en plein sud-nord* également.

Pour avoir une conception exacte du phénomène, il nous semble indispensable d'étudier le mouvement par ses deux composantes ouest-est et nord-sud.

Soit ω l'angle que fait la projection de la force solaire avec la méridienne du lieu (voir fig. 5, page 20).

L'action différentielle, représentée d'une manière générale par $\sqrt{\sin H}$, se décomposera en $\sqrt{\sin \omega \sin H}$, de l'est à l'ouest avant midi, et de l'ouest à l'est après midi, et en $\sqrt{\cos \omega \sin H}$ du nord au sud depuis 6 heures du matin jusqu'à 6 heures du soir, pour recommencer dans le même sens dans l'autre période semi-diurne.

Ces deux composantes varieront toujours dans le même sens, entre leurs limites extrêmes ; elles vont constamment en croissant ou en décroissant. Il y aura donc une marée dans chacune de ces directions et, d'après le principe que nous avons énoncé plus haut, l'une ira *constamment du sud au nord* en passant par deux zéros et deux maximums en 24 heures, tandis que l'autre, changeant quatre fois de direction, passera par quatre zéros et quatre maximums, oscillant entre l'est et l'ouest.

Il est facile de voir que les marées semi-diurnes seront beaucoup plus importantes que les marées quart-diurnes.

Tandis que l'action est-ouest, ouest-est ne durera que 6 heures, chacune des oscillations produites, étant détruite 6 heures après par l'oscillation suivante, l'action sud-nord aura une durée ininterrompue de 12 heures, avec une intensité dans le même sens, supérieure au maximum de la marée EO, OE pendant 6 heures consécutives.

Direction du Mouvement Différentiel

Fig. 5.

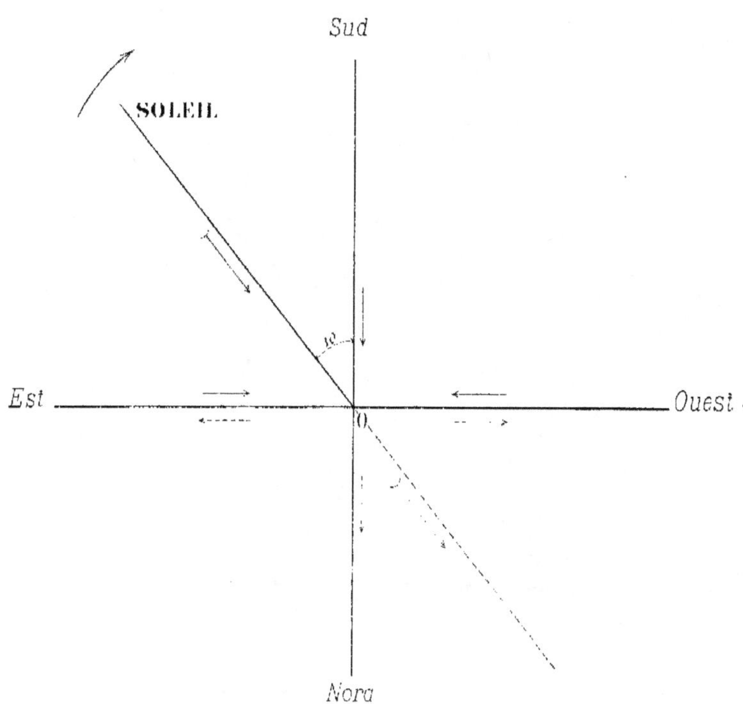

*Les flèches intérieures indiquent
le mouvement décomposé des deux
marées générales en six, dont quatre
sans importance et s'annulant.*

Il est facile de se rendre compte (voir fig. 1 en tête du texte) que dans la région polaire, au point p par exemple, dont la latitude est égale à 90' — δ, l'une des deux marées, sud-nord, celle de nuit, sera pour ainsi dire nulle, tandis que les deux marées correspondantes EO, OE seront plus importantes ; les deux marées OE, EO, de jour, tout en étant supérieures à ces dernières, ne seront plus comparables à la marée semi-diurne très considérable.

En résumé nous pensons que les marées quart-diurnes très faibles, dont les effets se détruisent successivement, peuvent être négligées. Il ne subsistera plus ainsi que les deux marées semi-diurnes, dont le mouvement vers les pôles s'est nettement dégagé de l'examen des composantes.

Sous l'action progressive de la composante $\sqrt{\cos \omega \sin H}$, nulle à 6 heures du matin, maximum à midi, nulle à 6 heures du soir, maximum à minuit, la mer tendra à prendre peu à peu la forme qui convient à cette force.

Mais l'action précédant la réaction, le maximum de la marée ne coïncidera pas avec le maximum de la force ; il aura lieu quelque temps après ; puis, la force diminuant plus sensiblement, l'Océan tendra à reprendre sa position d'équilibre, préparant la marée basse au point qu'il quitte, et la marée haute là où il se rend.

Nous avons vu plus haut que la plus forte marée se produira à la latitude égale à la déclinaison du soleil, puisqu'en ce point seul $\sqrt{\sin H}$ sera maximum et égal à 1.

Pour une déclinaison boréale, la plus grande des deux marées semi-diurnes sera la marée du jour, la marée de nuit n'atteignant plus comme force différentielle maxima que $\sqrt{\sin (90'' - 2\delta)}$, à la latitude égale à la déclinaison.

Les plus fortes marées oscilleront donc entre les latitudes comprises entre 0 et 23°.

Et, comme nous l'avons exposé plus haut, de ces marées équatoriales, que nous appellerons marées mères, dépendent les grandes marées principales de l'Europe et du nord de l'Amérique, sauf certaines exceptions que nous verrons plus loin.

Il nous semble du plus haut intérêt, d'établir au moyen de notre formule, que les marées équinoxiales sont les plus fortes marées, comme l'expérience le démontre.

Quoique nous ne prétendions pas faire dépendre la grandeur de la marée du maximum seul de $\sin H$ à midi, car, outre qu'il s'agisse de la racine carrée de $\sin H$, la marée dépend d'actions successives dont la somme a son importance, il nous semble au moins curieux d'étudier le jeu des sinus de la hauteur du soleil à midi, et à minuit, suivant les latitudes et les déclinaisons, et d'en faire la somme ou la différence. Ce peut être pour nous une indication de quelque intérêt.

Considérons 3 cas:

$$\lambda > \delta, \ \lambda < \delta, \ \text{et} \ \lambda > 90^\circ - \delta$$

$$1^\circ \qquad\qquad \lambda > \delta$$

On a $\sin(90^\circ - \lambda + \delta) + \sin(90^\circ - \lambda - \delta)$, ce qui peut se mettre sous la forme

$$\cos(\lambda - \delta) + \cos(\lambda + \delta) = 2\cos\lambda\cos\delta.$$

Le maximum de la somme a lieu quand la déclinaison du soleil est nulle (aux équinoxes) ; elle est plus grande à l'équateur qu'aux autres latitudes[1].

Si l'on veut avoir la différence de deux maximums, il viendra

$$\cos(\lambda - \delta) - \cos(\lambda + \delta) = 2\sin\lambda\sin\delta.$$

La différence sera d'autant plus grande que la latitude et la déclinaison seront elles-mêmes plus considérables.

$$2^\circ \qquad\qquad \lambda < \delta.$$

---

1. Indépendamment des conséquences que cette égalité indique, on remarquera dans notre formule générale des marées, que le niveau général d'un méridien peut être représenté par une dépression variant de $\sin 90^\circ$ à $\sin 0$. La différence des niveaux entre deux points extrêmes sera représentée par $\sin H - \sin H'$; elle sera maximum pour $H = 90^\circ$, $H' = 0$; on peut donc conclure d'après notre formule que la plus grande marée, toutes autres circonstances égales d'ailleurs, aura lieu pour une mer dont la différence des latitudes sur un méridien atteindra 90°.

La somme des sinus à midi et à minuit sera dans ce cas :

$$\sin (90^{\circ} - \delta + \lambda) + \sin (90^{\circ} - \lambda - \delta)$$

ou

$$\cos (\delta - \lambda) + \cos (\delta + \lambda) = 2 \cos \lambda \cos \delta.$$

Mêmes conséquences, sauf que le mouvement moléculaire se produira du sud au nord pour l'une des marées et du nord au sud pour l'autre.

$$3^{\circ} \qquad\qquad \lambda > 90^{\circ} - \delta.$$

Dans ce cas également, les deux marées auront une direction opposée ; l'une d'elles sera très faible, presque nulle.

Nous pouvons tirer de cet examen trois conclusions exactes :

1° Toutes les marées semi-diurnes sont égales deux à deux, lorsque les astres attractifs sont dans le plan équatorial ;

2° La différence entre deux marées augmente avec la déclinaison des astres et la latitude du lieu ;

3° Les plus grandes marées ont lieu lorsque les astres sont dans le plan équatorial ; elles sont donc égales entre elles, deux à deux, et la plus grande a lieu à l'équateur[1].

A l'appui de ce dernier corollaire nous ajouterons que la plus forte marée, c'est-à-dire le plus grand refoulement de la mer vers les pôles, a lieu au zénith de l'astre ; à égalité d'action, ce refoulement, proportionnel au rayon du parallèle, sera donc maximum à l'équateur.

Si nous examinons le rôle des forces suivantes, $\sqrt{\sin (90^{\circ} - \alpha)}$, $\sqrt{\sin (90^{\circ} - 2\alpha)}$, nous constatons que les plus grandes sont affectées aux plus grands parallèles possible, tandis que les plus faibles s'adressent aux plus petits parallèles.

Le maximum d'effet est donc atteint lorsque les astres sont dans le plan équatorial.

---

1. La première formule indique bien qu'à l'équateur seul les deux actions semi-diurnes peuvent atteindre leur double maximum, car $\sqrt{\sin H}$ est alors égal à 1.

Ce refoulement maximum vers le nord provoque une marée principale qui vient, par les ondes, se déverser d'autant plus facilement sur nos côtes, que les marées locales polaires égales et presque nulles ont considérablement abaissé le niveau de cette région.

II. — VARIATION DE LA FORCE ATTRACTIVE

Tous les savants admettent que la force attractive d'un astre varie en raison inverse du cube de sa distance à l'autre astre considéré.

Cette force effective f' interviendra de la même façon, dans notre formule générale des marées

$$a = C\sqrt{hf' \sin H}$$

et si on a pris $f = 1$, on aura $f' = \dfrac{d^3}{d'^3}.$

III. — VARIATION DE LA PROFONDEUR DE L'OCÉAN

Nous avons vu l'importance qu'avait la profondeur de la mer, inséparable de l'action de la force : lorsque cette profondeur augmente du double, par exemple, c'est comme si la force augmentait du double !

Étant donnée l'irrégularité de la profondeur des mers, on peut juger du phénomène complexe des marées de l'Océan.

Chaque profondeur caractéristique déterminera un centre de marée basse avec sa marée haute. Si la figure se trouve au zénith de l'astre, il y aura dépression au centre et marée haute au nord et au sud ; si elle se trouve à une latitude supérieure à la déclinaison, on observera une marée basse au sud (dans notre hémisphère) et une marée haute au nord de cette sorte d'immense cuvette.

De l'équateur aux pôles, l'Océan n'offrira qu'une série de dépressions plus ou moins entourées de surélévations, quelque temps après midi et minuit.

L'action des astres diminuant sensiblement, il se produira une oscillation remplaçant la marée haute par la marée basse et réciproquement.

Et l'on conçoit qu'un port séparé du grand Océan par une plage très étendue, ce qui est le cas de tous nos ports de l'Atlantique, subira d'autant plus le contre-coup des oscillations de la marée principale qu'il sera plus éloigné de celle-ci.

En effet, dans le mouvement général de dénivellation du grand Océan, supposons que celui-ci se soit élevé de $0^m,50$ seulement, à la latitude de 45°, entre Halifax et Bayonne ; la mer peu profonde avoisinant les côtes françaises ne s'étant pas laissé sensiblement influencer ni par l'action directe des astres, ni par cette dénivellation progressive éloignée, aura conservé son niveau propre et se trouvera pour ainsi dire à $0^m,50$ au-dessous du niveau de l'Océan, de telle sorte que si l'on prend la différence de niveau par mètre ou le gradient, on aura à Cordouan une marée dérivée qui pourra être supérieure à celle d'un point de l'équateur, ou l'action générale est cependant maximum.

Malgré la variation des profondeurs de l'Océan Atlantique, nous pensons que les différences ne sont pas assez caractérisées pour s'opposer au mouvement général de la marée principale du sud au nord, pénétrant entre l'Amérique du Nord et les côtes de l'Europe et dont le point culminant ne doit guère, croyons-nous, en moyenne s'écarter de la latitude 30°. Nous avons constaté plus haut que ce point oscille entre le zénith de l'astre et les pôles et se rapproche en été et en hiver de nos latitudes.

Cette marée se déverse sur l'Amérique du Nord et sur nos côtes.

CHAPITRE VI

TRANSMISSION DES ONDES

Après avoir exposé que, sous l'action différentielle des astres, l'Océan s'abaissant en certain point, se soulève de l'autre, nous avons expliqué l'effet dynamique des forces attractives des astres.

Mais celles-ci diminuant, la mer ne tendra pas seulement à combler les dépressions produites directement, elle se transportera encore vers les points qu'elle dominera en fait et ira aussi bien vers le nord que vers l'équateur et vers l'est que vers l'ouest.

En même temps, les régions voisines de la grande dépression, restées inactives, à cause de leur faible profondeur, se déversant dans celle-là, auront à leur tour la marée basse.

Nous négligerons pour le moment l'action de la force centrifuge, qui ne fait pas obstacle d'ailleurs à l'examen du mouvement que nous avons nommé mouvement de la réaction, dirigé vers d'autres régions devenues inférieures.

La formule générale du mouvement dû aux différences de pression, et qui nous a servi au calcul des marées par l'action différentielle, peut également nous servir à l'étude du mouvement de la mer dans son effort à rétablir l'équilibre rompu par les courants de la réaction.

Nous avons vu qu'une différence de niveau, entre deux points de la surface de la mer, tend à provoquer dans toute la profondeur un courant diminuant successivement, suivant la racine carrée de la hauteur considérée : c'est contre cette réaction même qu'a à lutter l'action de la force différentielle. — Lorsque, l'action diminuant, la mer tend à reprendre son niveau normal, il se produit dans toute la masse un certain mouvement que nous allons essayer de préciser.

Le courant maximum supérieur qui est libre va vers la dépression

Fig. 6

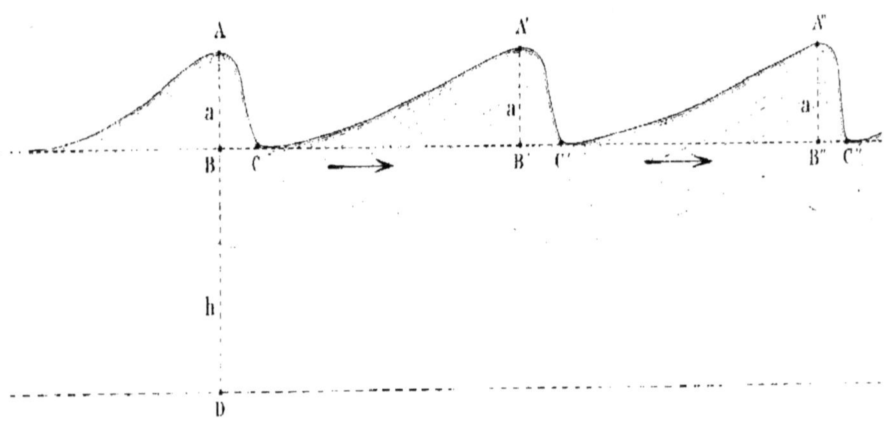

avec une vitesse qui augmente ; aidé par les courants inférieurs, il ne
tarde pas à se transformer à la surface en une accumulation qu'on
appelle lame, flot, ou vague, et dont la puissance varie évidemment
comme les éléments qui ont produit la différence de niveau elle-même,
c'est-à-dire la marée.

Considérons une de ces vagues, qui sera comme le facteur vrai de la
transmission de la marée au loin, lorsque la mer, cherchant à reprendre son niveau rompu, ira vers les dépressions ou les marées basses,
pour y produire la marée haute (fig. 6).

Soit ABC une vague d'une hauteur a. Cette vague exercera sur la
mer une pression telle que la molécule C, qui se trouve à son pied,
aura une vitesse égale à $\sqrt{2ga}$.

La molécule D, à une profondeur h, aura une vitesse égale à

$$\frac{2ga}{\sqrt{2g(h+a)} \div \sqrt{2gh}}.$$

A une grande profondeur, on peut négliger a et il vient, comme
nous l'avons vu, $V = \dfrac{2ga}{2\sqrt{2gh}} = a\sqrt{\dfrac{g}{2h}}.$

Mais la pression exercée en BD se transmettra immédiatement aux
sections voisines, et provoquera une véritable poussée donnant naissance à un courant, dont la vitesse maximum sera évidemment le plus
près de la force agissante.

Tant que la pression sera supérieure à la force d'inertie de l'eau, la
poussée s'exercera avec une vitesse allant sans cesse en diminuant, et
une vague correspondante se formera au point où le courant, ne pouvant plus déplacer l'eau, sera obligé de s'élever ; de même que l'eau
descendant d'un déversoir, s'élève au-dessus de la masse inerte, en
aval, qu'elle ne peut déplacer.

La section de l'onde ainsi produite présentera son point le plus bas
en C, puis le niveau s'élèvera légèrement jusqu'à remonter presque
brusquement au point d'arrêt absolu opposé par la force d'inertie.

Au point C se trouvera ainsi la véritable veine contractée du courant dont la vitesse est à son maximum[1].

La profondeur de la mer ne variant pas, la vague formée dans les mêmes conditions que la précédente sera identique à celle-ci.

Si la profondeur diminue, la vague perdra de sa puissance et l'onde diminuera d'étendue ; mais, d'un autre côté, la poussée horizontale de la partie inférieure de la différence se transformant en mouvement vertical, la vague nouvelle prendra plus de hauteur qu'elle communiquera à la suivante.

Réciproquement, si la vague passe dans une mer plus profonde, l'onde s'allongera et sa vitesse de propagation augmentera.

On voit ainsi que c'est par pression provoquant un courant que se transmettent les ondes, et la vitesse de propagation de l'onde elle-même est bien supérieure à celle du courant.

Concevons un tube AB de 80 mètres, rempli d'eau et recourbé à l'extrémité B. Si nous exerçons en A une pression capable de donner au liquide une vitesse de 1 mètre en une seconde, l'eau s'élèvera en E de 1 mètre et le phénomène se passera comme si l'eau déplacée en A s'était transportée en B, parcourant 80 mètres en une seconde.

Telle est l'image de la propagation des ondes de la mer : la pression est exercée par la vague, l'onde représente le tube tandis que la force d'inertie fait l'office de la partie recourbée.

La vitesse de transmission des ondes varie, dit-on, suivant la racine carrée de la profondeur de la mer parcourue, point que l'expérience pourrait, à l'occasion, confirmer.

Il est évident que, toutes choses égales d'ailleurs, cette vitesse s'accroît aussi avec les forces attractives des astres, cause première des ondes formées.

Les marées étant proportionnelles à la racine carrée du produit de

---

1. Lorsque sous une pression constante un liquide s'écoule en mince paroi, la vitesse va en diminuant à cause de la résistance de l'air, mais le débit de chaque tranche peut être considéré comme constant, ce débit étant représenté par le produit de la section par la vitesse ; là où sera la plus grande vitesse, sera la plus petite section, ou la veine contractée.

la profondeur de la mer par les forces, serait-il téméraire d'avancer que l'onde qui en est l'expression, a une vitesse de propagation augmentant comme la racine carrée de ces mêmes forces.

Ce principe déjà reconnu expérimentalement pour la profondeur, ne serait-il pas également vrai pour la force qui en est comme l'inséparable facteur?

Mais la hauteur de la vague et la profondeur de la mer ne suffiraient-elles pas à déterminer la vitesse de propagation de l'onde?

Nous savons, par expérience, que cette vitesse est déjà proportionnelle à la racine carrée de la profondeur ; nous venons de voir que la force agissante est la colonne d'eau d'une hauteur a, imprimant au courant supérieur une vitesse initiale égale à $\sqrt{2ga}$. Ne pourrions-nous conclure que la vitesse de l'onde est également proportionnelle à celle-ci, et finalement à $\sqrt{2gah}$ ou au moins à $\sqrt{k2gah}$, k étant une constante et h la profondeur de la mer?

Dans tous les cas, cet aperçu nous montre la puissance des poussées horizontales de la mer sous la pression des vagues ou des lames, et nous donne le secret de cette longue transmission des ondes dans les fleuves profonds ; et les raz de marée, comme le mascaret, y trouvent leur explication aussi.

Les lames relativement modérées et régulières au large parviennent vers les côtes en prenant plus de hauteur ; elles se brisent contre les rochers, s'entrechoquent et deviennent parfois des plus dangereuses.

CHAPITRE VII

MARÉE GÉNÉRALE OU MARÉE MÈRE — MARÉES LOCALES
RETARD DANS LES MARÉES

Lorsque la mer a pris, sous l'action différentielle des astres, la forme de la figure 2 et que ceux-ci s'inclinent vers l'horizon, la marée haute descend vers l'équateur, d'où elle vient, et vers les pôles où l'attire la différence de niveau. Au moment que représente la figure, la haute mer a pris à la même latitude de Brest, mais loin de ce port, en longitude, le niveau indiqué en b.

Le port de Brest lui-même, situé sur une mer d'une profondeur insignifiante, a été insensible aux actions des astres, mais il subit au bout d'un certain temps l'influence du premier état de la mer en b, dont le niveau est déjà inférieur à celui du point culminant de la mer vers les tropiques.

Pour cette double raison, des ondes considérables quittent cette région, pénètrent en Europe, et rencontrant des sections de parallèles de plus en plus réduites, s'élèvent par leur vitesse acquise et viennent produire à Brest, comme dans la plupart de nos ports, la véritable marée.

Et l'on conçoit ainsi comment des marées de $0^m,50$ à peine en pleine mer, peuvent produire dans nos ports des marées de 18 mètres.

Les ondes font barre à l'entrée de la mer du Nord, comme elles font barre à l'entrée de certains fleuves : elles sont arrêtées par la section trop étroite offerte à leur passage.

A chaque période de 12 heures (nous ne parlons que du soleil), a donc lieu dans nos ports une marée principale, provenant de la marée mère, et dans laquelle les actions dynamiques des astres n'ont qu'un effet indirect, puisque les mouvements produits ne sont dus qu'à des différences de niveau.

La puissance d'une marée, ainsi que la vitesse avec laquelle elle parviendra aux côtes, augmentera avec la différence de niveau entre le sommet de la marée mère et le niveau du port considéré au même moment[1]. Le niveau du port à ce moment dépendra à son tour de l'escarpement du rivage.

Plus le port sera séparé de la haute mer par une plage étendue et à pente douce, plus il conservera son niveau propre pendant l'action des astres, et plus il sera exposé aux grandes oscillations du rétablissement de l'équilibre de la mer.

Les marées des ports de l'Adriatique sont les plus fortes de la Méditerranée, la raison en est celle que nous venons de donner : la mer y est peu profonde, elle est de plus séparée par l'Italie de la Méditerranée ; elle ne peut subir les influences immédiates de la dénivellation de celle-ci, et une grande oscillation relative se produit sur toute la longueur du golfe.

L'irrégularité de la profondeur de la mer, la manière dont elle est répandue sur la terre, la position et la pente des rivages, leurs rapports avec les côtes qui les avoisinent, les îles, les golfes, les obstacles de toutes sortes provoquant des contre-courants, modifient les oscillations de cette grande masse fluide, et l'on trouve aux solstices, ici deux marées presque semblables, là une marée unique, plus loin peut-être,

---

1. Il ne faudrait cependant pas s'exagérer la différence entre les deux niveaux de l'Océan, à la même latitude de Brest, lors des deux marées.

Tandis que l'un des niveaux aurait pour expression relative, à midi, $\sqrt{\sin(47° + 23°)}$, soit 0,969, l'autre aurait la valeur de $\sqrt{\sin(47° - 23°)}$ ou 0,65.

Cet exemple montre en même temps la faible variation de la racine carrée des sinus d'angles élevés.

Tandis que $\sqrt{\sin 5°}$ est égale à 0,875, pour atteindre la moitié de $\sqrt{\sin 9°}$ ou 0,50 il faut descendre jusqu'à $\sqrt{\sin 15°}$.

Ces rapprochements sont très curieux et peuvent peut-être donner la clef de phénomènes restés jusqu'à présent inexpliqués.

On voit par là que, lors des fortes déclinaisons du soleil et de la lune, la plus grande des deux marées peut être considérable, même à des latitudes élevées.

aucune marée. Tous ces faits pourront être expliqués pour chaque port avec une grande précision, nous osons l'espérer, lorsqu'on possèdera une carte donnant exactement les profondeurs de la mer, et lorsqu'on aura déterminé la position de la marée générale et de toutes les marées particulières issues des mers profondes, parsemées comme de vrais lacs, dans le grand Océan.

Nous croyons cependant utile d'expliquer comment, à Brest, par exemple, il existe une faible différence entre deux marées des solstices, alors que le calcul semblerait en indiquer une plus grande.

En nous reportant à la figure 1, nous voyons en effet qu'au point C la marée de jour sera très forte, tandis qu'en C′ elle serait presque nulle. Mais cette figure n'est que l'expression de l'état de la mer avant la formation des marées à Brest.

Le niveau en C sera plus élevé qu'en C′, mais le niveau en A sera supérieur à celui en A′ : la différence de ces niveaux, qui seule est en jeu dans la transmission des ondes, pourra différer d'une faible quantité.

On remarquera aussi que la marée de jour de la région polaire sera considérable, et fera obstacle à l'arrivée en Europe de la grande marée principale de jour, tandis que la marée polaire de nuit sera négligeable, et facilitera l'accès de la marée correspondante plus faible.

En dehors de ces considérations, il existe entre Brest et l'Océan Atlantique d'environ même latitude, une oscillation propre à la grande étendue des plages qui peut venir en quelque sorte adoucir les différences.

Mais la grande marée équatoriale ne peut faire sentir son influence jusqu'aux pôles.

Les frottements, les sections de plus en plus réduites, les chocs contre les îles, les continents, l'influence des vents qui agissent principalement sur les couches supérieures, les changements de direction sont autant d'obstacles à la propagation de l'onde principale.

Plus on avance vers le Nord, plus les marées sont dues aux actions différentielles locales et, particulièrement, lors des grandes déclinaisons.

Lorsque la latitude est plus grande que le complément de la déclinaison, les deux marées ont lieu en sens contraire et l'une d'elles est peu importante.

Les phénomènes qui se passent dans les ports du Tonkin, par exemple, doivent trouver leur contre-partie dans l'extrême Nord de l'Europe.

Les marées locales, dans ces deux régions, subissent les influences des actions du jour et de la nuit et sont d'autant plus inégales, que la déclinaison est plus grande et les astres attractifs plus rapprochés de la terre.

Entre le Nord et l'équateur se trouve une région desservie par les marées semi-diurnes, équatoriales elles-mêmes, plus fortes que les marées locales, et dont l'action va en diminuant vers les pôles, où les marées locales prennent relativement plus d'importance. La marée diurne n'existe pas en fait ; elle est la plus grande marée semi-diurne locale. Elle atteint son maximum en chaque lieu de la terre, lors du maximum de la déclinaison, car elle correspond au sinus du plus grand angle que fait l'astre avec l'horizon, à midi ou à minuit : elle intervient alors comme troisième marée dans les marées semi-diurnes générales.

Si l'on prétend que cette marée diurne n'existe plus lorsque les astres se trouvent dans le plan équatorial, c'est parce qu'il n'y a plus de différence entre les deux marées semi-diurnes locales, devenues égales.

A Brest, par exemple, il y a :

1° Les deux marées semi-diurnes provenant de la marée générale équatoriale ;

2° Les deux marées semi-diurnes locales, tantôt égales, tantôt et le plus souvent inégales, déterminées par l'action locale des astres sur le point le plus rapproché de l'Atlantique à sa plus grande profondeur ;

3° Les deux marées semi-diurnes très faibles du port lui-même ;

4° Enfin, les quatre marées quart-diurnes dues aux actions E.-O. et O.-E. des astres, très faibles également. Au total 10 marées, sans compter les marées très irrégulières provoquées par les cyclones d'eau de l'Atlantique.

En dehors des syzygies, il faut naturellement doubler ce nombre, afin de tenir compte des actions du soleil et de la lune, qui sont absolument indépendantes l'une de l'autre, et dont chaque manifestation sur l'Océan est transmise à son heure sur les côtes.

La dépression polaire augmente considérablement la puissance des marées, parce qu'elle augmente la différence de niveau entre la marée générale et la région du Nord ; elle atteint son maximum aux équinoxes et cette circonstance a son importance dans la cause des grandes marées équinoxiales.

Elle fait l'office d'un immense robinet ouvert à l'écoulement d'une onde immense, monstre marin d'un nouveau genre.

Des marées considérables de l'Atlantique ne pourrait-on même pas conclure que les eaux de cette mer doivent communiquer par le Nord avec celles du grand Océan, mais l'on n'en dirait pas autant de l'Océan glacial antarctique.

Retards divers dans les marées.

On a vu que la marée mère ne pouvait parvenir que progressivement aux côtes, la durée de transmission variant avec la distance et la profondeur. Mais la réaction hydrostatique des eaux de la mer ne rétablit pas immédiatement l'équilibre rompu par les actions dynamiques différentielles des astres ; les eaux accumulées dans la région des calmes ne sont pas restituées en une fois, elles forment comme un immense régulateur des marées qui ne fait connaître que 36 heures après, l'intégralité de ses variations.

Outre le retard de 36 heures dans la manifestation des forces attractives des astres, il en est un autre, c'est celui qui se produit dans nos ports, aux premiers et derniers quartiers de la lune, et qui peut atteindre plus de trois heures.

Que la marée soit locale ou dépende de la marée mère, sa vitesse de propagation résulte de différences de niveau entre la côte et la haute mer. Ces différences seront d'autant plus grandes que les forces attractives seront plus considérables. La plus grande vitesse de propagation a donc lieu aux syzygies des équinoxes, la plus petite lors des premiers ou derniers quartiers des solstices d'été, toutes autres conditions de distance égales d'ailleurs. Et les marées décroissent plus rapidement aux syzygies des équinoxes qu'à celle des solstices.

La mer met moins de temps à monter qu'à descendre, parce qu'elle n'a plus pour la descente l'aide des puissantes pressions latérales du flux, les eaux se trouvant à ce moment sur les côtes à un niveau supérieur à celui de la pleine mer.

Les eaux des côtes n'ont qu'un rôle passif.

Elles subissent tous les caprices de la haute mer, où une dépression profonde les engloutit, tandis qu'une forte marée les refoule avec violence. C'est pourquoi les marins ont intérêt à gagner le large par le mauvais temps.

Pourquoi parler des syzygies? N'est-il pas évident que les deux marées solaire et lunaire s'additionnent pour former un bloc qui transmet aux côtes sa double intensité.

La mer prendra constamment la forme qui convient aux deux forces qui la sollicitent et dont les actions s'ajouteront [1]. La somme de ces forces ira en diminuant des syzygies aux quartiers ; à ce moment la lune agira seule.

Toutefois, dans certains ports, la marée basse solaire peut impressionner plus ou moins la marée haute de la lune ; il y a lieu alors de tenir compte de l'action négative du soleil.

Si l'on représente par 2,2 l'action de la lune, 1 l'action du soleil, on peut dire d'une manière générale que les forces oscilleront entre $\sqrt{2,2 + 1}$ ou $\sqrt{3,2}$ et $\sqrt{2,2}$, et dans certains cas, entre $\sqrt{3,2}$ et $\sqrt{1,2}$.

Que dire également des dépressions de la mer changeant la direction des courants.

En été, la dépression équatoriale se porte très au Nord de l'équateur ; en hiver légèrement au Sud.

Ce phénomène est dû à l'action différentielle maxima du soleil au

---

1. Nous parlons de la marée générale et non des marées dérivées.

zénith du lieu, dont la latitude est égale à la déclinaison : il y a conflit entre cette dépression et celle de la force centrifuge, et une dépression moyenne s'opère entre les deux.

Si la ligne est refoulée vers le Nord, c'est à cause du débit plus considérable de l'hémisphère austral dans sa lutte à combler la dépression équatoriale, ou peut-être d'une plus grande profondeur de la mer en ce point.

Tout ce que nous avons dit du soleil peut s'appliquer à la lune ; mais nous devons nous arrêter, sans toutefois négliger d'affirmer que tous les corollaires de notre grand principe des mouvements différentiels sont vrais et faciles à démontrer.

Au surplus, lorsque nous parlerons de la météorologie et des tremblements de terre, nous tirerons certaines conclusions qui eussent également trouvé leur place ici.

CHAPITRE VIII

FORCE CENTRIFUGE

—

Le principe qui précède s'applique à tout fluide et s'adresse également à la mer, à l'atmosphère et aux marées souterraines, cause des tremblements de terre.

Nous avons étudié d'abord et plus spécialement sa manifestation sur le phénomène des marées.

Mais avant de passer à la météorologie, nous croyons utile de parler du rôle si important de la force centrifuge.

Quoique l'action solaire (ou lunaire) puisse être calculée isolément, comme nous l'avons fait pour les marées, l'analogie surprenante des deux forces comparées, leur rôle tantôt opposé, tantôt commun, aidera à l'intelligence de l'étude de la météorologie et des tremblements de terre.

Si l'on désigne par r le rayon terrestre, λ la latitude d'un lieu, T le jour sidéral, la force centrifuge en ce lieu sera représentée par :

$$\frac{4\,\pi^2\,r\cos\lambda}{T^2}.$$

Cette force qui se trouve dans le prolongement du rayon du cercle de rotation, peut se décomposer en force verticale $\dfrac{4\,\pi^2\,r\cos^2\lambda}{T^2}$ et en force horizontale $\dfrac{4\,\pi^2\,r\cos\lambda\sin\lambda}{T^2}$.

La première, directement opposée à la pesanteur, a pour effet de diminuer celle-ci. Elle est nulle aux pôles et égale à l'équateur à $\dfrac{1}{300}$ de la pesanteur.

En supposant à la mer une profondeur de 3000 mètres, de l'équateur aux pôles, elle devrait avoir une surélévation de 10 mètres à l'équateur.

Mais, à cause des frottements de toutes sortes, de l'état plus ou moins visqueux des eaux, qui ne peuvent transmettre intégralement leurs pressions à une aussi longue distance, cette différence de niveau doit être considérablement diminuée et a, suivant nous, peu d'importance.

Mais rien ne s'oppose, le cas échéant, à ce qu'elle intervienne pour sa valeur dans le calcul final du niveau équatorial, en dépression ou en surélévation.

Nous négligerons en attendant l'action verticale de la force centrifuge. Reste la force horizontale.

Son expression $\dfrac{4\pi^2 r \cos\lambda \sin\lambda}{T^2}$ peut être mise sous la forme $\dfrac{2\pi^2 r \times \sin 2\lambda}{T^2}$.

Appelons c le premier facteur $\dfrac{2\pi^2 r}{T^2}$ dont la valeur est constante.

La composante horizontale de la force centrifuge a ainsi la forme simple : $c \sin 2\lambda$. Elle est proportionnelle au sinus du double de la latitude du lieu et dirigée suivant la tangente à la méridienne. Cette force, croissante du pôle à la latitude de 45°, est décroissante de cette latitude à l'équateur ; elle remplit donc toutes conditions exigées par notre théorème général.

Appliquant à cette force le principe du mouvement différentiel, sa valeur sera donnée par la différence des composantes horizontales de la force centrifuge, aux latitudes contiguës que nous désignerons par $\lambda - \alpha$ et $\lambda + \alpha$

$$c\left[\sin 2(\lambda + \alpha) - \sin 2(\lambda - \alpha)\right] = 2\,c \cos 2\lambda \sin 2\alpha.$$

La différence a de niveau qu'elle tend à produire, pour une hauteur h est donc

$$a = \sqrt{\frac{4\,hc \cos 2\lambda \sin 2\alpha}{g}} \quad \text{ou} \quad \sqrt{\frac{8\,\pi^2 rh \cos 2\lambda \sin 2\alpha}{T^2 g}}.$$

Cette formule nous montre que le fluide, recouvrant la sphère terrestre, aura une dépression maximum à l'équateur, diminuant jusqu'à la latitude de 45°, où elle devient nulle, pour augmenter peu à peu jusqu'aux pôles, où elle atteint un nouveau maximum ; le changement de signe est d'ailleurs indiqué par cos 2 λ, qui est négatif à partir de 45°. Le renflement serait donc à la latitude de 45°, entre les deux dépressions polaire et équatoriale. Nous ne craignons pas de l'affirmer.

Les expériences faites sur une sphère d'huile, en rotation rapide autour de son axe, ne sont pas concluantes, pas plus que celles qui auraient lieu avec un autre liquide.

Si la sphère se renfle à l'équateur, c'est uniquement à cause de la cohésion qui s'oppose à l'indépendance des molécules et les retient près de celles animées de la plus grande vitesse. L'action de la sphère d'huile sur une de ses molécules, action qui attire celle-ci vers le centre, est infiniment plus petite que la pesanteur, force que nous devons considérer lorsque nous étudions les phénomènes provoqués sur les fluides par la rotation du globe terrestre[1]. Au lieu d'un renflement, c'est une dépression que l'on observerait. Cela résulte de notre théorie générale des mouvements différentiels.

Les forces différentielles sont maximum à l'équateur et aux pôles ; c'est là où la dépression sera la plus considérable.

La force différentielle étant nulle à la latitude de 45°, c'est vers ce point que le mouvement des molécules se dirigera aussi bien du pôle que de l'équateur.

---

1. L'attraction de la terre en rotation sur les molécules extérieures, ou *la pesanteur*, étant un des éléments importants de la forme que prendra le fluide, il n'est pas possible de supprimer en fait cette attraction dans la petite sphère, sans arriver à des conclusions inexactes.

Notre théorie nous montre donc que l'équilibre des fluides, considéré au point de vue de la force centrifuge, est essentiellement instable ; qu'un mouvement moléculaire dynamique, dû à la différence de ces forces, s'opère du pôle et de l'équateur à la latitude de 45° et qu'enfin la résistance des liquides qui lui fait obstacle, se traduit par un courant général contraire, avec vitesse maxima à la surface, se dirigeant vers les deux dépressions des pôles et de l'équateur.

Si une même composante horizontale exerçait son influence sur toutes les molécules du globe, on pourrait, jusqu'à un certain point, admettre que chacune d'elles conservant sa position relative, l'équilibre existe.

Mais nous savons que la force centrifuge horizontale passe par toutes les valeurs, depuis 0 jusqu'à C sin 90°, quand on se déplace sur un méridien du pôle à la latitude de 45° et ensuite qu'elle décroît de C sin 90° à 0, si l'on continue à se déplacer sur le même méridien, de la latitude de 45° à l'équateur.

Il nous semble difficile de concevoir que cette force, indéfiniment variable de molécule à molécule, soit désormais sans effet ! Que chaque molécule sous l'action d'une force égale à f, par exemple, se tienne à égale distance de sa voisine qui reste soumise à la force $f + \varphi$ s'exerçant dans le même sens. Il ne pourrait en être ainsi que s'il y avait des forces contraires faisant constamment équilibre à f, $f + \varphi$, $f + \varphi + \varphi'$, etc. Or ces forces n'existent pas. Nous avons vu en effet qu'une même différence de niveau A ne peut faire équilibre à l'action d'une force unique φ agissant sur tous les points de la verticale, car les efforts contraires produits par cette différence de niveau varient comme la racine carrée de la hauteur considérée. L'équilibre ne pourrait subsister que si l'action était en tous points égale et directement opposée à la réaction.

Pour éviter toute confusion, nous croyons devoir ajouter que ces courants moléculaires ne modifieraient plus la forme de la surface libre du fluide, les courants de la réaction faisant constamment équilibre à l'action, et le niveau restant partout constant, si ce double mouvement n'était pas contrarié par les forces perturbatrices de la lune et du soleil.

Les considérations théoriques qui précèdent, et qui sont des consé-quences immédiates de notre principe, nous donnent l'explication des grands courants de la mer et de l'atmosphère ; des courants équatoriaux du Nord et du Sud ; des vents alizés, des contre-alizés, du Gulf-stream, du courant Traversier, sans compter les courants supérieurs de l'at-mosphère. Tous ces courants sont effectivement dirigés dans le même sens que les dépressions provoquées par la force centrifuge, aux pôles et à l'équateur.

Ils répondent donc bien au mouvement de va-et-vient des molécules que nous avons déduit de notre théorie.

Il nous est aussi facile d'expliquer la tranquillité de la mer et de l'atmosphère, dans les régions du Cancer et du Capricorne, car c'est là que se rencontrent les deux grands mouvements moléculaires de sens contraire dus à la force centrifuge.

On peut objecter que ces calmes ne se trouvent pas à la latitude de 45°, mais à celle de 30° environ, et qu'ils sont en opposition avec notre théorie. L'opposition n'est qu'apparente.

En effet concevons deux vases communiquants de section inégale, contenant de l'eau en équilibre. Si l'on exerce une pression p sur le vase à petite section, la différence de niveau est a. Si l'on exerce sur l'autre vase une pression qui soit à la première dans le même rapport que les sections des vases, on aura, d'après les principes élémentaires de l'hydrostatique, la même différence a de niveau.

Mais si l'on compare les moyennes absolues des hauteurs totales, on constatera que celle de la première expérience est plus faible que celle de la seconde.

Le même phénomène s'observera par l'application de la formule différentielle $a = \sqrt{\dfrac{4\,hc\cos 2\lambda \sin 2\alpha}{g}}$ que nous pouvons, pour notre objet, réduire au seul terme $\sqrt{\cos 2\lambda}$.

Les différences de niveau, dues à cette action de la force différen-tielle, peuvent être ramenées à des différences de pression agissant, les unes du pôle vers l'équateur, les autres de l'équateur vers le pôle.

Les premières correspondent en quelque sorte au vase à petite section, et les autres au vase à grande section, car les rayons des parallèles augmentent des pôles à la latitude de 45° et diminuent de l'équateur à cette même latitude.

Le niveau absolu des eaux, correspondant à une même valeur positive ou négative de cos 2 λ, sera donc plus bas vers les pôles que dans la région équatoriale, et le point culminant se fixera comme nous l'avons dit.

La latitude de 30° est au surplus indiquée par l'équilibre hydrostatique, pour déverser des deux côtés une égale quantité d'eau.

Nous pourrions encore autrement faire ressortir que le point culminant de la rencontre des fluides ne peut être à la latitude de 45°.

En effet, la force qui provoque des deux côtés de cette latitude le mouvement moléculaire différentiel est théoriquement proportionnelle à cos 2 λ ; mais, cette même force n'a pas, à égalité de profondeur de la mer, les mêmes résistances à vaincre.

Les eaux venant des pôles pénètront plus facilement dans des parallèles plus grands, tandis que les eaux venant de l'équateur ont à lutter contre des sections de plus en plus petites.

D'un côté, il y a une facilité, de l'autre un obstacle. Pour comparer les forces, il faut donc augmenter les premières et diminuer les secondes.

Le mouvement différentiel venant du Nord sera donc plus considérable que celui venant du Sud à la latitude de 45°, et le point où il y aura égalité entre ces deux mouvements contraires sera à une latitude inférieure.

Le mouvement dû à la force centrifuge s'opère dans la mer, dans l'atmosphère et sous l'écorce terrestre. La profondeur des fluides a, comme nous l'avons vu, une importance considérable.

Tout courant supérieur dû à la réaction signalera le mouvement différentiel contraire ; il sera considérable si la profondeur est grande, et pourra en quelque sorte donner une première appréciation de la valeur de celle-ci, sans lui être immédiatement proportionnel. Si, d'une manière générale, le courant différentiel allant de l'équateur et des pôles

vers une latitude intermédiaire, est mathématiquement compensé par
les courants de la réaction, la compensation qui se fait en chaque point,
n'est pas due à une réaction égale et directement opposée à l'action
même de la force différentielle : elle est le résultat de l'équilibre général et subit les influences des autres régions ; une certaine oscillation s'opposerait d'ailleurs à cette égalité ainsi comprise.

DEUXIÈME PARTIE

MÉTÉOROLOGIE

CHAPITRE IX

MARÉES D'AIR

Les anciens rendaient pour ainsi dire la lune responsable de tous les phénomènes terrestres. Depuis les immenses progrès faits par la science, nous avons tellement restreint le rôle de cet astre, que nous prétendons limiter aux marées seules, son influence.

Nos ancêtres ayant reconnu dans la lune la cause première et principale des marées, avaient raison de supposer à cet astre une action directe sur les phénomènes météorologiques.

Si le rôle de la lune n'est pas apparent, pourquoi en conclure qu'il n'existe pas? Ne sommes-nous pas sur terre comme les poissons au fond de la mer, dans notre fluide à nous, subissant les courants, les différences de pression, sans pouvoir observer les marées supérieures?

En météorologie, on attribue pour ainsi dire tous les phénomènes à l'action calorifique du soleil.

Certes, la chaleur a son importance, mais nous prétendons que le rôle principal du soleil réside en sa force attractive combinée avec celle de la lune, et dans des conditions plus marquées même que pour les marées.

Tout ce que nous avons dit des marées s'applique aux phénomènes météorologiques, et si nous appliquons notre théorie à l'air, sans nous préoccuper de sa compressibilité, on ne saurait nous en faire un reproche, parce que nos déductions sont d'accord avec nos observations.

Nous ajouterons même que les marées aériennes sont plus fortes que les marées de la mer, lorsque l'on compare la dénivellation générale de l'atmosphère sous l'action des astres, à celle de l'Océan.

Nous attribuons ce résultat au faible frottement des molécules de l'air, tant dans l'action dynamique différentielle que dans la réaction ; ainsi qu'à l'avance de l'action sur la réaction ; et la formule nous montrera qu'il faut l'attribuer aussi à la faible densité de l'air.

Nous supposons en conséquence que le principe de Torricelli, sur lequel nous nous sommes appuyé pour les liquides, est également vrai pour les gaz, et en particulier pour l'air atmosphérique.

La force centrifuge due à la rotation de la terre provoque deux dépressions, l'une aux pôles, l'autre à l'équateur, et une surélévation de l'atmosphère dans les environs des calmes du Cancer et du Capricorne : de là, les éternels courants des vents alizés, fortifiés ou amoindris par l'attraction de la lune et du soleil et, dans nos régions, les vents fréquents du Sud-Ouest vers le Nord-Est augmentés, ou même transformés en vents contraires.

Si nous possédons quatre saisons du soleil, la lune nous les donne aussi d'une nature différente, d'une durée douze fois moindre, et tous les phénomènes résultant de l'attraction du soleil sur les molécules de notre atmosphère, durant ces quatre phases, se reproduisent périodiquement avec la lune.

De l'examen unique de notre formule générale des mouvements différentiels, nous allons pour ainsi dire déduire toutes les lois de la météorologie.

Le soleil provoquera un mouvement différentiel représenté par $\sqrt{2fh\sin H\sin\alpha}$, tandis que celui de la lune aura pour expression $\sqrt{2fh'\sin H'\sin\alpha}$.

Procédant comme nous l'avons fait dans l'étude des différences de

niveau de la mer, la différence de niveau a entre deux points voisins
de la partie supérieure de l'atmosphère serait

$$a = \sqrt{\frac{2\,h\,\varphi}{g\,\rho}}$$

en désignant par h la hauteur de l'atmosphère, φ la force différentielle,
g l'intensité de la pesanteur et ρ la densité de l'air.

Nous savons que φ est égal à $2\,f\,\sin H \sin \alpha$, f étant la force attractive de l'astre, H sa hauteur au-dessus de l'horizon.

La variation de φ est la même que pour les marées ; d'une manière
générale, en faisant la somme ou la différence des deux maximums à
midi, et à minuit :

$$\sin (90^\circ - \lambda + \delta), \qquad \sin (90^\circ - \lambda - \delta)$$

qui peuvent se mettre sous la forme

$$\cos (\lambda - \delta), \qquad \cos (\lambda + \delta),$$

on aura

$$\cos (\lambda - \delta) + \cos (\lambda + \delta) = 2 \cos \lambda \cos \delta$$

et

$$\cos (\lambda - \delta) - \cos (\lambda + \delta) = 2 \sin \lambda \sin \delta$$

et l'on arrivera aux mêmes conclusions que dans l'étude des marées.

1° Les marées atmosphériques seront égales deux à deux, lorsque
l'astre considéré sera à l'équateur ;

2° La plus grande différence entre deux marées augmentera avec la
déclinaison de l'astre et la latitude du lieu ;

3° Le plus grand mouvement moléculaire de chaque côté de l'équateur, dans la direction des pôles aura lieu quand l'astre sera dans le
plan équatorial, et la plus grande marée aura lieu à l'équateur même.

Ces trois corollaires ne s'adressent qu'à la marée générale atmosphérique, donnant à l'atmosphère une forme semblable à celle représentée par la figure 2, p. 6.

La marée basse a lieu à l'équateur ; la marée haute à une latitude plus élevée, tandis que vers les pôles la marée est nulle.

Cette rupture de l'équilibre de l'atmosphère provoque, lorsque les astres vont vers l'horizon, un double mouvement de réaction de cette montagne d'air vers l'équateur et vers les pôles, et à la marée haute succède la marée basse, et réciproquement.

Ces marées semi-diurnes sont peu sensibles, et si l'équilibre pouvait se rétablir en 12 heures entre l'action et la réaction, on observerait peu de différence dans les oscillations barométriques.

Tandis que l'eau de la mer, incompressible, revient plus rapidement vers l'équilibre rompu, ne pouvant s'accumuler longtemps en un point donné[1], l'air, sous l'action différentielle, subit un mouvement d'entraînement de longue durée, avant d'opposer à l'action une résistance suffisante.

Les marées semi-diurnes peuvent s'accumuler en partie jusqu'au moment où le courant de réaction est supérieur à l'action différentielle : c'est ainsi qu'on est amené à étudier l'oscillation annuelle pour le soleil et mensuelle pour la lune ; chacune de ces périodes pouvant être à son tour subdivisée en saisons ou en quartiers, les syzygies donnant alors des positions caractéristiques.

Le soleil, qui se trouve pendant 6 mois, au lieu de 14 jours, du côté d'un hémisphère, aura donc, au point de vue de la durée, plus d'influence que la lune ; car son déplacement relativement lent sur le plan de l'écliptique, lui permet d'imprimer à l'atmosphère un mouvement régulier, continu, progressif, qui doit se traduire quelque part par une rupture d'équilibre apparente.

La lune venant deux fois par mois confondre son action avec celle du soleil, à la nouvelle et à la pleine lune, accentue donc l'effort solaire, augmentant la dépression ou la surpression qu'il a produites.

---

1. Toutefois, il ne faudrait pas admettre que la mer reprend son niveau relatif après chaque période de douze heures ; il lui faut en effet une plus longue période, la réaction n'étant pas immédiatement opposée à l'action.

On peut facilement s'en rendre compte, en été par exemple, dans la région équatoriale.

La dépression produite par la marée basse du soleil au zénith, a pour effet de déplacer les vents alizés et de les reporter plus au nord ; nous pouvons affirmer que ce mouvement est beaucoup plus accentué lors des syzygies.

Nous en dirons tout autant des moussons des Indes et du courant de Malabar, dont l'existence est due à l'action attractive du soleil. En ces points les astres agissent également sur la mer et sur l'atmosphère : ils y produisent une double dépression, au point de modifier la direction du courant de la mer.

On ne saurait nous objecter que la chaleur du soleil a son influence dans cette dépression des moussons, car malgré la baisse barométrique qui élève le niveau de la mer, malgré la chaleur qui, diminuant la densité, en augmente le volume, ou le niveau, la dépression directe causée par le soleil sur la mer est plus forte que cette surélévation. On voit donc que le soleil a une action dynamique manifeste sur les deux éléments, et que le rôle de la chaleur, s'il existe, est peu important.

Nous allons résumer le plus possible les actions séparées ou simultanées du soleil et de la lune sur l'atmosphère, car nous n'avons qu'un désir, celui de bien faire comprendre notre théorie nouvelle, en écartant tout ce qui est secondaire et ne servirait qu'à l'obscurcir.

Lorsque les astres sont dans le plan équatorial, grande marée basse équatoriale, dépression polaire, grande marée mère dans les régions du Cancer et du Capricorne, grands vents du Sud-Ouest, grandes pluies dites équinoxiales.

Lorsque la déclinaison augmente, la dépression équatoriale diminue, la marée mère également, et l'air est refoulé vers les pôles ; les deux dépressions vont l'une vers l'astre, au nord ou au sud de l'équateur, et l'autre vers la latitude égale au complément de la déclinaison.

Au périgée, accentuation de ces mouvements, à l'apogée diminution.

Lorsque l'astre s'éloigne rapidement de la terre, le fluide tend à prendre souvent brusquement la position d'équilibre qui convient à l'action de la force centrifuge. Ce mouvement peut lui-même provoquer de grandes perturbations atmosphériques, des cyclones même, et comme nous le verrons, de violentes commotions souterraines.

Tous ces mouvements divers sont généraux : ils peuvent être contrariés localement et même sur certaines étendues, par les cyclones dont nous allons chercher à préciser les causes et les effets.

CHAPITRE X

CYCLONES

Le cyclone est la véritable manifestation de l'action différentielle sur laquelle repose toute notre théorie[1].

Il en est l'application la plus remarquable et l'exemple le plus évident.

Le mouvement différentiel commence, en effet, par provoquer une dépression, là où il fonctionne avec le plus d'énergie, pour aller créer, avec les molécules qu'il entraîne rapidement, une surélévation, une marée haute contre un continent, un passage plus étroit, un obstacle en un mot, laissant derrière lui la marée basse. Et, lorsque ce mouvement est double, c'est-à-dire quand le soleil ou la lune sont au zénith, que dire de la partie centrale deux fois dépouillée de ses molécules?

Telle est en quelques mots la cause des cyclones.

Il est facile de se rendre compte des conséquences de la création des cyclones dans les régions à latitudes égales aux déclinaisons des astres, ou tout au moins voisines de ces déclinaisons.

La force différentielle est proportionnelle à $\sqrt{\sin 90°}$, $\sqrt{\sin (90° - \alpha)}$, $\sqrt{\sin 90° - 2\alpha}$, et le mouvement qui en résulte est un courant moléculaire ayant précisément pour expression ces valeurs successives.

Si l'on remarque que

$$\sin (H + \alpha) - \sin (H - \alpha) = 2 \cos H \sin \alpha$$

---

1. Le lecteur saura discerner la signification que nous entendons donner au nom de cyclone, dans le cours de notre exposition, et qui la plupart du temps voudra dire grande dépression.

on verra que les différences entre ces sinus et *à fortiori* entre leurs racines carrées, sont pour ainsi dire nulles dans le voisinage de 90°.

Le courant moléculaire provoqué par $\sqrt{\sin(90° - n\alpha)}$ fera place au courant qui le suit, et qui est représenté par $\sqrt{\sin(90° - (n+1)\alpha)}$, $n\alpha$ ne dépassant pas quelques degrés, par hypothèse. Sur une certaine étendue, le niveau s'abaissera partout et sera, à la partie supérieure, presque horizontal; de sorte que la différence de niveau a, dont nous avons parlé, et qui devrait faire équilibre à l'action différentielle, n'existera pas par le fait, et le mouvement aura lieu sans obstacle, jusqu'au moment où les molécules accumulées à des latitudes plus élevées, seront ramenées, un certain temps après, par le courant de la réaction.

Chose curieuse et vraiment digne de remarque, là où la force différentielle serait le plus capable de résister à une grande différence de niveau supérieur, elle ne trouvera cette différence que plus tard, et aura, en attendant, profité du champ libre.

Ces zones de calme, à basse pression, rencontrées par les marins lorsqu'ils ont traversé l'enveloppe du cyclone, ont été ainsi créées ; elles n'ont au début pour ainsi dire pas de gradient.

Ces zones doivent être étendues dans les régions équatoriales, pour le motif que nous venons de donner et ensuite parce que, les parallèles y variant peu (comme $\sin \lambda$), les molécules de l'un trouvent place presque égale chez le voisin sans surélévation spéciale.

Il n'en est pas de même dans les latitudes élevées, lors des grandes déclinaisons des astres ; une plus forte résistance est opposée au mouvement moléculaire, et la marée haute commence plus tôt.

Rôle de la force centrifuge.

Nous avons négligé d'associer la force centrifuge, due à la rotation de la terre, aux forces attractives du soleil et de la lune sur la mer, parce que nous pouvions expliquer les phénomènes principaux des marées sans son intervention. Et cependant la force centrifuge s'y manifeste : elle a d'ailleurs une action en tout semblable à celle qu'elle exerce sur l'atmosphère et qui est plus facile à apprécier.

Les anciens disaient que la nature avait horreur du vide ; nous croyons que nous pourrions dire plus justement que la pesanteur et la force centrifuge ont horreur du vide.

Ces forces, sans cesse en éveil, tendent à combler les dépressions, comme elles tendent à faire disparaître les surélévations : tous leurs efforts en un mot visent au rétablissement de l'équilibre rompu.

Mais elles n'agissent pas tout à fait de la même façon.

La pesanteur est une force exclusivement verticale, tandis que la force centrifuge, oblique sur l'horizon, peut se décomposer en action verticale et action horizontale. La première de celles-ci, dirigée en sens contraire de la pesanteur, disparaît par la soustraction ; elle n'a pas d'ailleurs d'importance appréciable sur notre planète. Dans le rétablissement des équilibres rompus des fluides, la pesanteur agit directement dans le sens vertical et indirectement dans le sens horizontal, tandis que la force centrifuge n'a que des effets horizontaux, variables avec la latitude.

Supposons qu'il se produise une dépression, un cyclone, par exemple. Sur toute la profondeur de cette dépression, c'est-à-dire du haut en bas de l'atmosphère, l'air refoulé par la différence de pression tendra à combler ce vide relatif de tous les points du cône renversé, sauf que du Nord au Sud (dans l'hémisphère boréal) la composante horizontale de la force centrifuge ajoutera son action.

Les molécules déplacées pour combler la dépression viendront donc plus nombreuses du Nord et la dépression ira par le fait vers cette région, avec une vitesse d'autant plus grande que la baisse barométrique sera plus accentuée, et la force centrifuge plus grande.

Marche des cyclones.

Le facteur important de la marche des cyclones étant la composante horizontale de la force centrifuge, agissant des pôles vers l'équateur, il n'est pas sans intérêt d'en rappeler la variation.

Cette force, comme nous l'avons vu, peut être mise sous la forme :

$$\frac{2\pi^2 r \sin 2\lambda}{T^2}.$$

Et, si l'on prend pour unité l'attraction due à la pesanteur, la composante horizontale de la force centrifuge sera égale à $\dfrac{\sin 2\lambda}{578}$.

Cette force, nulle à l'équateur et aux pôles, atteindra son maximum $\dfrac{1}{578}$ à la latitude 45°.

On conçoit alors qu'un cyclone, créé à l'équateur même, n'ayant ni direction, ni vitesse, se comble et meure sur place. Ce fait même prouve aussi que l'action horizontale de la force centrifuge n'est pas étrangère à l'extension des cyclones produits, ainsi que nous le verrons.

Lorsque le cyclone se forme dans la région équatoriale, il se dirige lentement vers le Nord-Ouest, plus rapidement ensuite vers le Nord et plus rapidement encore vers le Nord-Est, où il va se perdre[1].

Faible au début, il va sans cesse grandissant ; véritable ballon lancé dans l'espace, le cyclone, plus léger que l'air ambiant, subit dans sa marche les influences des courants, mais ballon à enveloppe pénétrable, il reste soumis à l'action des pressions extérieures auxquelles s'ajoute, au nord du cyclone, la force centrifuge vraie.

Les vents alizés le rejetteraient vers le Sud-Ouest, tandis que les pressions extérieures et surtout la pression du Nord tendent à le combler et à le faire progresser vers les molécules déplacées, c'est-à-dire vers le Nord, en lui imprimant un mouvement de rotation dans le sens contraire aux aiguilles d'une montre. Ce mouvement particulier de l'enveloppe est dû aux pressions du Sud, qui prennent la direction nord-est, et aux pressions plus considérables du Nord qui vont vers le Sud-Ouest, à cause de la rotation de la terre.

---

1. Nous supposons que le phénomène se passe dans l'hémisphère boréal.

Fig. 1

N
S
Equateur
20°
0°
20°
0°
20°
20°
Mouvement vers l'Est dû à la rotation de la terre.
Mouvement du cyclone dû à la dépression profonde au Nord.
Force centrifuge horizontale.
Vents alizés
Vents alizés

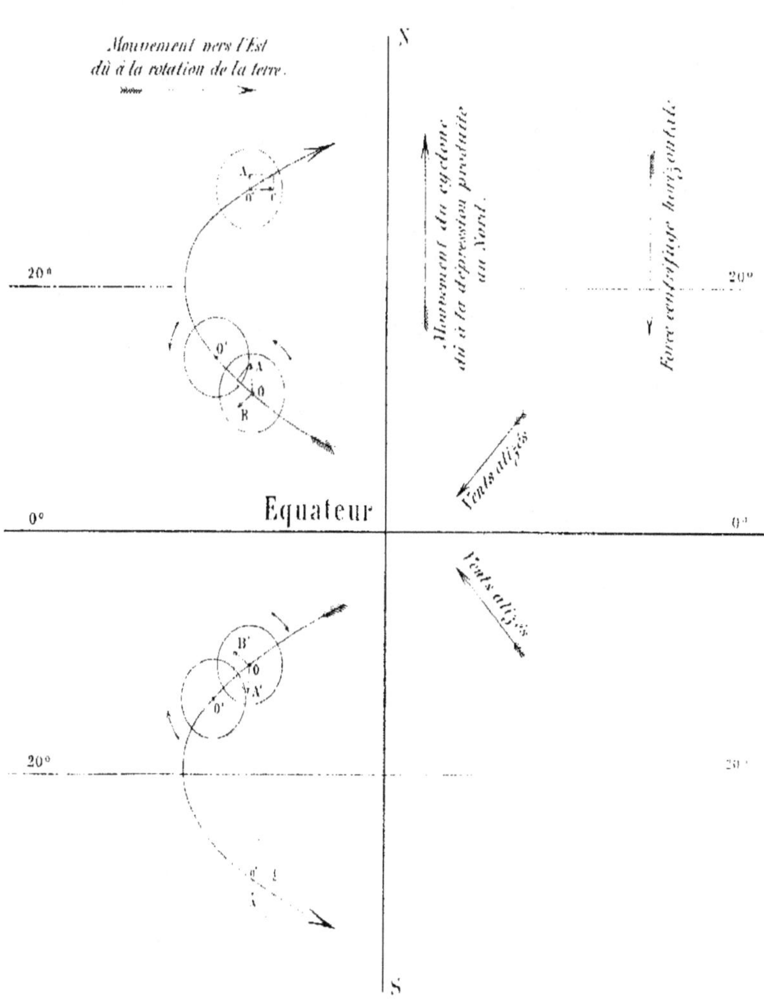

Échappant à l'influence des vents alizés, le cyclone se dirige vers le Nord pour tomber généralement dans les grands courants sud-ouest, et finir vers l'Est dans tous les cas, car la rotation de la terre transforme aussi son mouvement vers le Nord, dû à l'action directe de la force centrifuge, en mouvement N.-E.

Nous avons représenté sur la figure 7, les deux composantes principales, celle des vents alizés et celle de la force centrifuge.

Nous n'avons fait intervenir la poussée vers l'Est, due à la rotation de la terre, qu'à une certaine latitude, ce mouvement étant, comme on le sait, proportionnel au sinus de celle-ci, et par conséquent nul à l'équateur.

Extension des cyclones.

Pendant toute la durée de leur progression, les cyclones restent soumis à l'action, plus faible peut-être, mais effective, des forces différentielles qui les ont produits, ainsi qu'à l'action différentielle de la composante horizontale de la force centrifuge. Tandis que les premières augmentent le refoulement moléculaire vers les pôles, la dernière agit dans le même sens, de l'équateur à la latitude théorique de 45°, et en sens contraire de cette latitude aux pôles. Mais la force centrifuge a un autre rôle encore. Sa composante horizontale vraie, rejetant brusquement vers l'équateur les molécules qui cherchent en vain à combler la dépression, a pour effet d'élargir celle-ci dans la partie tournée vers cette région.

Les cyclones ou dépressions sont donc constamment agrandis ou creusés par des forces agissant en sens contraire, sur chacune des demi-sections nord et sud, sauf à l'équateur et aux pôles, où l'action de la force centrifuge que nous considérons est nulle [1].

Ce double rôle de la force centrifuge, combiné avec celui de l'attraction des astres, est vraiment merveilleux, et bien fait pour plonger une

---

1. Nous regrettons de ne pas trouver une comparaison plus scientifique, mais nous ne saurions mieux représenter le phénomène que par l'opération d'une pince qui ouvre des gants.

fois de plus l'homme dans l'admiration de tout ce qui est sorti des mains du créateur.

Les cyclones plus ou moins inégalement élargis dans les deux sens par les astres et la force centrifuge, trouvent dans la différence de rotation des parallèles, et surtout dans les latitudes élevées, un moyen de s'égaliser, de s'arrondir. Mais cette rotation elle-même a aussi pour effet d'agrandir directement la dépression. Dans notre hémisphère, par exemple, la partie nord du cyclone va plus rapidement vers l'Est, que la partie sud, circonstance qui donne un nouvel essor à son expansion, et les deux courants sud-ouest et nord-est qui lui servent d'enveloppe, s'écartent d'autant plus l'un de l'autre qu'ils s'éloignent davantage de l'équateur.

L'écartement de ces deux courants est proportionnel à $\dfrac{2\pi R}{T}(\cos\lambda - \cos\lambda')$, λ et λ' étant les limites du Sud et du Nord du cyclone.

Il est évident que sa vitesse de propagation va en augmentant de l'équateur à la latitude de 45°, puisque, après avoir rencontré les vents alizés contraires, il reste soumis à une action indirecte plus grande, non contrariée de la force centrifuge horizontale ; au surplus il peut être entraîné par des courants favorables du Sud-Ouest, les contre-alizés.

Toutes circonstances égales, le maximum de vitesse du cyclone a lieu à la latitude de 45° ; à partir de ce parallèle, la vitesse va en diminuant jusqu'aux pôles.

Enfin la vitesse de translation du cyclone dépend aussi de la valeur de la basse pression centrale, l'action directe de la force centrifuge étant d'autant plus grande, que cette pression diffère davantage de celle de la région ambiante. C'est aussi vers la latitude de 45° que l'extension du cyclone, ou de la dépression, atteint son maximum, à cause du maximum d'action de la force centrifuge horizontale, surtout lorsque les astres sont près de la terre et ont une déclinaison élevée. L'extension sera facilitée par la faible altitude du lieu ; autour de Paris par exemple, dans les plaines du Nord, de la Baltique, etc. ; la grande profondeur de l'atmosphère donnant en effet aux astres et à la composante horizontale de la force centrifuge leur maximum de puissance.

Lorsque le cyclone se forme dans des golfes, sur des lacs, contre des continents, près d'un obstacle en un mot, à une latitude assez élevée se rapprochant de la déclinaison de l'astre qui l'engendre, il est d'une étendue évidemment plus faible et prend le nom de tornado ou ouragan, dont la puissance est souvent terrible.

Les circonstances les plus favorables à la violence d'un tornado sont : latitude élevée égale à la déclinaison, périgée de l'astre ; entraînement du tornado par le courant sud-ouest dans l'hémisphère boréal, et nord-ouest dans l'autre hémisphère [1].

Les tornados, ouragans, tourbillons, typhons, trombes ne sont qu'une forme particulière du cyclone, d'une étendue moindre, mais non moins violente.

En examinant les conditions de formation des tornados, on conçoit aisément que dans certains cas la giration pourra se faire dans le sens de la marche des aiguilles d'une montre, c'est-à-dire dans un sens contraire à celui que nous avons admis pour les cyclones.

En supposant le maximum à tous les facteurs, on aura une vitesse de translation maximum vers le Nord ; or, on sait que plus la vitesse est grande, plus le mouvement vers l'Est dû à la rotation de la terre est accentué.

La partie nord du tornado ira vers l'Est, tandis que sa partie sud aura un mouvement relatif vers l'Ouest.

Et, dans la formation même du tornado, l'astre étant au zénith, les deux mouvements différentiels moléculaires iront l'un vers le Nord-Est, l'autre vers le Sud-Ouest, facilitant ainsi la rotation Nord-Est-Sud-Ouest.

Nous savions tous que ces cyclones, sous leurs formes restreintes et terribles, sont accompagnés de tonnerre, grêle, pluie, à cause des

---

1. Il est évident que les syzygies et les codéclinaisons du soleil et de la lune donnent aux cyclones comme aux tornados une énergie plus grande, car les actions des astres s'additionnent.

grandes différences de température par lesquelles passe la vapeur d'eau en suspension dans l'air, dans le mouvement rapide de celui-ci, dû aux différences de pression.

La pression barométrique du centre du tornado peut être inférieure de 6 centimètres à celle de l'enveloppe.

Dans les cyclones d'assez grande étendue, si l'on rencontre le calme au centre, malgré la basse pression du baromètre, c'est parce que le centre, éloigné de l'enveloppe, n'en subit pas les atteintes.

Comment se manifestent les cyclones?

Ainsi que nous l'avons vu, le cyclone se forme dans toute la profondeur de l'atmosphère, sous l'action dynamique des forces attractives du soleil et de la lune.

Le mouvement moléculaire s'opère horizontalement, augmentant comme la racine carrée de la hauteur considérée.

Au fur et à mesure de ce déplacement des molécules, les molécules supérieures attirées par la pesanteur viennent combler les vides : il en résulte une dépression à la surface, ou un véritable vide.

Du haut en bas de l'atmosphère, toutes les couches sous l'action de la pesanteur et de la force centrifuge cherchent à rétablir l'équilibre en comblant cette dépression : mais l'effort de ces deux forces diminue avec la profondeur et est maximum à la surface. Il en résulte que le cyclone ira plus vite dans les régions supérieures que dans les régions inférieures, et que son axe sera plus ou moins fortement incliné sur sa direction générale. Un même cyclone sera plus terrible sur les plateaux que dans les vallées. S'il passe une chaîne de montagnes, il sera coupé et apparaîtra diminué dans la région qui lui deviendra inférieure.

Nous pouvons donc conclure de notre théorie même que le cyclone se manifeste par les parties supérieures de l'atmosphère ; et que nous avons l'honneur d'être, sur ce point, d'accord avec l'éminent M. Faye.

Des nuages plus ou moins noirs, produits par la grande condensation due au mouvement rapide des couches humides de l'atmosphère, forment le cortège ordinaire des cyclones et en sont les avant-coureurs certains.

C'est dans la zone torride que se forment surtout les cyclones, pour prendre la direction que nous connaissons. Lorsque nous parlerons des taches solaires, nous verrons qu'elles se comportent absolument comme les cyclones terrestres. Elles naissent à une latitude voisine de l'équateur solaire, supérieure à 2° ou 3°. La création, la marche et l'extension des taches solaires pourraient servir à l'étude des phases correspondantes des cyclones terrestres : les deux théories se confirment et attestent l'action cyclonique des astres à leur zénith et à leur nadir [1].

---

1. Tout ce que nous avons dit du cyclone est général ; certaines circonstances peuvent en effet apporter des modifications, soit dans sa marche, soit dans son extension. Ainsi le cyclone, tout en subissant l'influence générale des courants, se dirigera de préférence vers les hautes pressions, parce que celles-ci, le comblant plus énergiquement que les autres, produiront une dépression qui semblera être la continuation du cyclone lui-même, comme cela a lieu sous l'action horizontale N.-S. de la force centrifuge.

CHAPITRE XI

HAUTEUR DE L'ATMOSPHÈRE — INFLUENCE DES MONTAGNES

On voit quelle importance possède la hauteur de l'atmosphère dans l'étude des marées, mais quelle que soit cette hauteur théorique, il ne résulterait aucun inconvénient à la supposer de 7 600 mètres ; chaque 100 mètres exerçant une pression de 1 centimètre sur le baromètre et l'air étant ainsi ramené à une même densité.

Pour obtenir la valeur h qui entre dans notre formule, il suffirait de retrancher de 7 600 mètres, l'altitude du lieu.

Le mouvement différentiel au-dessus du Mont-Blanc, par exemple, serait un peu plus de la moitié du mouvement sur l'Atlantique à la même latitude.

Les obstacles opposés par les continents, comme dans la mer des Indes et le golfe du Mexique, par exemple, sont des plus favorables à la création du cyclone : tandis que le mouvement moléculaire, dû aux actions différentielles des astres, trouve son maximum de puissance sur la mer, et est arrêté en grande partie contre le continent, il a une action plus faible sur l'atmosphère qui surplombe les côtes ; il en résulte une grande différence entre les hauteurs barométriques des deux régions voisines.

Telles sont les raisons de la fréquence des orages le long des côtes, et de leur rareté en pleine mer.

La mer des Indes et le golfe du Mexique se trouvent au surplus dans la zone torride, c'est-à-dire sous l'action zénithale des astres.

C'est dans les régions montagneuses, sillonnées de vallées, qu'on voit tant d'orages en juillet et août, la chaleur venant ajouter son influence à la grande déclinaison du soleil, facteur de la force différentielle.

Les grands lacs de l'Amérique du Nord sont favorables, trop favorables, à l'action cyclonique.

Tandis que l'Europe occidentale est ouverte aux grands courants de l'Atlantique et subit l'influence bienfaisante de la grande marée équatoriale, les Montagnes Rocheuses privent en majeure partie l'Amérique de l'action réchauffante des courants sud-ouest du Grand Océan.

Dans l'Amérique du Nord, les marées locales auront donc plus d'influence qu'en Europe. L'Amérique recevra en revanche les courants supérieurs de l'Europe occidentale, actionnés par la force centrifuge, lorsque les astres passeront à l'équateur ou s'éloigneront du globe.

En Russie, les monts Ourals opposeront une barrière aux courants déjà refroidis de l'Atlantique, ainsi qu'au mouvement nord-est de l'Asie.

Ce sont les mers et les lacs prisonniers des continents, ces vallées, ces plaines, ces montagnes aux altitudes variant à l'infini, qui ont rendu le problème de la prévision du temps, *à priori*, si difficile.

Hauteurs barométriques.

Le poids de l'air, y compris celui de la vapeur d'eau qu'il contient, condensée ou non, représente la pression atmosphérique, et est indiqué par la hauteur du baromètre.

La variation de la quantité de vapeur d'eau étant relativement peu importante, nous n'en tiendrons pas compte; nous n'examinerons que les oscillations dues aux dépressions et aux surpressions résultant de l'action dynamique des astres. Les différences de latitudes et d'altitudes donnent lieu à des actions essentiellement variables de l'équateur aux pôles, et l'on peut dire que l'atmosphère n'est représentée que par des cyclones et des anticyclones : les cyclones prennent naissance généralement sur la mer, le long des côtes et des îles, sur les lacs ou les plateaux à faible altitude. Ils se forment en plusieurs jours, principalement à l'époque des syzygies, et se déplacent. La pesanteur et la force centrifuge tendent à combler les vides et à faire succéder l'anticyclone au cyclone, et réciproquement.

Il y aura de la sorte oscillation entre l'air des continents et l'air de la mer, comme cela a lieu pour les marées, des côtes à l'Océan.

Les cyclones se répartissent symétriquement des deux côtés de l'équateur, les plus grands se trouvant du côté des astres.

Les dépressions principales ont leur origine au zénith et au nadir du soleil et de la lune, celles du zénith étant les plus importantes.

La conséquence de cette distribution de dépressions inégales est, grâce à l'action de la force centrifuge, le refoulement de l'air atmosphérique vers l'hémisphère où se trouve le nadir de l'astre.

Nous avons vu, en effet, que les cyclones s'avancent vers les pôles avec une vitesse d'autant plus considérable, que la pression atmosphérique est plus basse; l'air des régions du Nord est ainsi refoulé progressivement vers le Sud et va s'accumuler en partie sur l'hémisphère où la pression est plus élevée. L'action cyclonique directe des astres à leur zénith accentue d'ailleurs ce refoulement d'un hémisphère à l'autre (voir fig. 1).

Il en résulte une conséquence de la plus haute importance : la moyenne des pressions barométriques d'un hémisphère suivra une marche inverse à celle des astres; chez nous elle sera minimum aux déclinaisons boréales, maximum aux déclinaisons australes.

En été, la pression sur notre hémisphère est à son minimum; en hiver, à son maximum. Il en est de même pour les *saisons lunaires*.

Et ce que nous disons de l'air est également vrai pour le niveau général des mers.

L'étude des cyclones montre donc dans quelles limites peut varier la hauteur barométrique d'un lieu, toutes choses égales d'ailleurs.

Dans la région équatoriale, la masse elle-même de l'atmosphère est un régulateur opposé aux grandes variations, et si l'on y observe de grandes différences de niveau, elles sont subites et ne durent que l'espace d'un cyclone.

Si l'on étudie la variation des forces différentielles à leur période maximum, on voit que leur somme est la plus grande à l'équateur, tandis que leur plus grande différence a lieu à la plus grande latitude.

$$\sin (90^\circ - \lambda + d) - \sin (90^\circ - \lambda - d)$$
$$= \cos (\lambda - d) - \cos (\lambda + d) = 2 \sin \lambda \sin d.$$

L'action varie peu à l'équateur, et il existe entre elle et la réaction une certaine oscillation, assez régulière, qui empêche les grandes différences. Il n'en est plus de même aux latitudes élevées, où l'action, après avoir été faible, devient très grande et ne trouve la contre-partie de la réaction que longtemps après : il y a surprise, et avance considérable de l'action sur le courant de la réaction.

En outre, la dépression polaire due à la force centrifuge est plus grande que la dépression équatoriale.

Les variations barométriques seront donc d'autant plus grandes qu'on s'approchera des pôles.

Mais le baromètre, qui n'indique à chacun de nous que des variations d'une certaine importance, dues à la formation de cyclones ou d'anticyclones, trahirait l'existence même des marées semi-diurnes locales, s'il était plus sensible.

Ces oscillations sont bien plus appréciables dans les régions intertropicales, au siège même des marées mères. On observe en effet une différence moyenne de 2 millimètres entre la marée haute de 9 heures et la marée basse de 3 heures.

A priori, ce fait semble être en opposition avec notre théorie, tandis qu'il en est la confirmation.

Le mouvement différentiel produisant la marée basse, est indéfini : il commence à 6 heures du matin, passe par un maximum à midi, se termine à 6 heures du soir pour recommencer immédiatement son éternel mouvement.

Mais, à cette action est opposé le courant contraire continu qui tend à lui faire équilibre et qui, à deux moments de la journée de 24 heures, provoque la marée haute.

Ce courant n'est en réalité que le reflux de la marée mère des calmes du Cancer et du Capricorne.

La lutte existe donc entre le mouvement moléculaire différentiel et le courant résultant de la résistance hydrostatique du fluide. Le second l'emporte sur le premier pendant six heures et est battu par lui pendant les six heures suivantes; il y a marée haute au moment où le mouvement moléculaire commence à être supérieur au courant contraire, c'est-à-dire à 9 heures du matin, et marée basse à 3 heures du soir, au moment où il commence à lui être inférieur.

La nuit, on observe les mêmes heures, sauf les variations dues à l'inégalité des deux marées semi-diurnes.

Température.

Nous savons tous que la chaleur nous vient du soleil, mais, est-ce à dire pour cela, comme certains le prétendent, que c'est l'activité solaire seule, légèrement variable, qui décidera de la température réelle d'un lieu à un jour déterminé et du temps qu'il y fera?

Tous, nous reconnaissons que la température dépend de la hauteur au-dessus de l'horizon du soleil, de l'altitude, du voisinage des mers ou des montagnes, de la présence de nuages qui, couvrant l'horizon, empêchent plus ou moins le refroidissement de la terre ainsi abritée.

Mais les conditions climatériques d'un pays ne changent pas; le soleil repasse périodiquement dans les mêmes phases... et cependant, depuis que le monde existe, aucune journée n'a trouvé nulle part sa semblable.

Il y a donc des éléments perturbateurs. Quels sont-ils?

En premier lieu, nous trouvons un soleil, plus ou moins chaud, puisant une activité nouvelle dans ses taches dont l'apparition et l'intensité pourront être déterminées comme nous le verrons.

Et nous trouvons, tournant autour de la terre, la lune qui s'en approche et s'en éloigne inégalement, avec des déclinaisons indéfiniment variables, sans jamais être à une même distance, ni à une même hauteur, à une même date!

Chacune des théories appuyées sur ces deux éléments perturbateurs a trouvé ses défenseurs, mais, il faut l'avouer, des défenseurs exclusifs.

Nous sollicitons comme un grand honneur de faire ici l'union entre ces adversaires qui, poursuivant deux voies dont ils maintiennent avec opiniâtreté le parallélisme, semblent ne pas se douter qu'elles ne peuvent ainsi les conduire au point commun.

Cependant les deux éléments variables ne sauraient avoir la même importance, et tout ce que nous avons dit des marées atmosphériques ayant leurs sièges, tantôt au Nord, tantôt au Sud, provoquant ici une dépression, là une surpression, suivant les déclinaisons des astres, leurs distances de la terre et la position du soleil à l'époque des nouvelles et pleines lunes, montre assez de quel côté nous portent nos préférences.

Nous prétendons que des mouvements atmosphériques, essentiellement soumis aux actions simultanées du soleil et de la lune, dépendent, en très grande partie, la température et l'état climatérique d'un lieu, d'une région, du monde.

Les vents du Sud-Ouest amènent la chaleur, les nuages, la pluie; avec les vents du Nord, surviennent les froids; sans compter les violentes perturbations des cyclones, des tornados et de tout le cortège des agents météorologiques.

Nous avons décrit les lois de ces mouvements; tous puisent leur origine dans les forces attractives combinées du soleil et de la lune.

Quant à l'action calorifique du soleil, certainement variable, elle a son importance, mais dans des limites restreintes et qu'il sera désormais facile, nous l'espérons, de bien déterminer.

Du rapprochement de nos formules et des conditions d'accumulation progressive de l'air atmosphérique essentiellement compressible, on peut déduire les positions caractéristiques du soleil et de la lune.

Les marées seront plus fortes : aux syzygies, équinoxes, solstices ou lunistices, codéclinaisons, périgées.

Dans une lunaison, il se trouvera donc six positions particulières de la lune, sans compter celles du soleil.

Aux syzygies, la lune accentuera la perturbation créée par le soleil.

Les basses pressions s'observeront davantage dans notre hémisphère aux nouvelles lunes de mars à octobre, et aux pleines lunes d'octobre à mars, car, toutes autres circonstances égales d'ailleurs, le maximum d'action cyclonique du soleil et de la lune a lieu aux syzygies, les astres se trouvant autant que possible dans l'hémisphère considéré.

Dans une lunaison, il s'opère en réalité deux marées hautes et deux marées basses, somme des petites marées semi-diurnes; mais elles n'ont pas lieu en même temps sur tout le globe.

La marée basse équatoriale et la marée polaire ont lieu aux équinoxes et provoquent une marée haute entre ces deux régions, vers la latitude moyenne de 30 à 35°. En effet, le fluide polaire est ramené par l'action libre de la force centrifuge, tandis que le fluide équatorial est refoulé par l'action différentielle des astres.

La déclinaison des astres devenant plus grande, la marée haute vient succéder à la marée basse, et réciproquement. Mais toutes ces marées sont soumises aux caprices des distances des astres à la terre, principalement au moment des syzygies.

La grande marée mère de la nouvelle lune qui vient déverser son fluide sur l'Europe, a une importance déterminante sur le temps du mois, si la lune est à son périgée à ce moment.

Les grandes chaleurs de l'été 1893 n'ont pas eu d'autres causes. Au moment de l'une des syzygies du mois, la lune était pour ainsi dire à son périgée. L'atmosphère était refoulée avec énergie des régions équatoriales et venait déverser en Europe les flots du siroco, aidée en cela par la dépression polaire.

Les hivers rigoureux de 1870, 1879, 1890 sont dus à l'action simultanée de la lune et du soleil qui se trouvaient pour ainsi dire à leur double périgée pendant les nouvelles lunes.

La force de refoulement du fluide vers le Nord avait atteint son maximum, tant par la marée générale que par les marées locales du Nord, tandis que l'action cyclonique locale était faible. Si au moment de l'une des syzygies, la lune est à son périgée, dans l'hémisphère austral, il y a grande chance d'un mois rigoureux, surtout en décembre et en janvier, l'action du soleil vers le Nord étant alors à son maximum. Les hivers doux auront lieu lorsque la lune aura épuisé son énergie dans la région équatoriale et surtout dans la région boréale.

Il y a, dans cette étude, des questions de maximum fort intéressantes à calculer.

Les températures ne dépendent pas rigoureusement de la pression; généralement basses avec les hautes pressions, elles sont élevées avec les vents du Sud, basses avec les vents du Nord.

Ce qu'on appelle la *lune rousse* est la période qui suit la nouvelle lune d'avril.

A ce moment, la marée mère solaire, qui a atteint pour ainsi dire son maximum d'énergie (*marée équinoxiale*), coïncide avec l'action de la nouvelle lune et vient provoquer une forte marée sur le continent avec forte pression.

Il en résulte un ciel pur qui donne les gelées de la nuit.

Mais il ne faut pas oublier l'action perturbatrice des cyclones de l'Océan qui, pénétrant en Europe, peuvent modifier les conditions du mouvement général de l'atmosphère, ni celle des mouvements cycloniques dus aux actions locales des astres, lorsque ceux-ci sont au périgée ou qu'ils ont une forte déclinaison.

CHAPITRE XII

MÉTÉORES

Notre prétention n'étant pas de faire un cours de météorologie, mais seulement d'indiquer les points de contact que peuvent avoir les phénomènes principaux de cette science avec la nouvelle théorie que nous avons l'honneur de présenter, nous avons dû ne parler des météores proprement dits qu'après avoir développé l'action des forces qui les sollicitaient.

Vents.

Les différences de température entre deux régions, modifiant la densité de l'air, ont pour conséquence de provoquer un certain courant, mais ce courant, pensons-nous, varie dans des limites restreintes et ne peut être considérable. La cause principale des vents est due à la différence des hauteurs barométriques entre deux régions.

De même qu'un ruisseau coule vers un point plus bas, de même un courant d'air, un vent, va vers une dépression : nous avons vu dans quelles conditions[1] ; la vitesse diminue comme la racine carrée de

---

1. Nous rappelons la loi de la variation de la vitesse d'une molécule appartenant à un liquide, dont la différence de niveau est a, loi que nous avons déduite du principe de Torricelli :

$$V = a \sqrt{\frac{g}{2h}}$$

ou plus généralement,

$$V = \frac{\sqrt{2g(h+a)} - \sqrt{2gh}}{2ga}.$$

La valeur de a sera donnée par la différence des deux hauteurs barométriques des points considérés divisée par la distance qui les sépare :

$$a = \frac{H \quad H'}{d}.$$

Dans la partie supérieure de l'atmosphère on aura des ondes absolument semblables à la hauteur de l'air. Nous pouvons ainsi augurer du grand mouvement aérien dans les régions supérieures.

Les vents réguliers, les alizés, coulent vers la dépression équatoriale entretenue par la force centrifuge et les astres. Les vents périodiques varient avec les saisons et se dirigent constamment vers *une dépression* causée par l'action différentielle des astres.

Les vents généraux du Sud-Ouest dans notre hémisphère, et du Nord-Ouest dans l'hémisphère austral, se dirigent vers les dépressions polaires dues à la force centrifuge ou vers des dépressions causées par les astres eux-mêmes.

Les vents variables, du Nord-Est par exemple, vont vers une dépression du Sud, et forment les courants de retour de l'air accumulé dans le Nord, soit directement par l'action différentielle des astres, soit indirectement par la marée haute principale des régions des tropiques qui aura inondé nos régions, comme la marée de la mer inonde nos côtes.

Là où les alizés se rencontrent se trouve naturellement une région de calmes, dits calmes équatoriaux. A la séparation des alizés et des contre-alizés, existent également des calmes appelés tropicaux.

Les vents passent par toute la gamme, depuis la brise jusqu'à l'ouragan. Suivant les conditions particulières dans lesquelles ils sont engendrés, ils prennent le nom de moussons, sirocco, simoun, cyclone, typhon, tornado, trombe, etc.

Brises.

Sans nous étendre sur chacune de ces manifestations des courants atmosphériques qui relèvent d'ailleurs toutes du cyclone, nous pensons de quelque intérêt de dire un mot de *la brise*.

---

celles de la mer, dont la vitesse de propagation augmentera avec la profondeur et la différence de niveau $H_1 - H_1'$.

Ainsi que nous l'avons dit, la profondeur de l'atmosphère pourra être représentée par 7 600 mètres moins l'altitude en mètres ; afin qu'il puisse y avoir comparaison entre les hauteurs barométriques de deux points, il faudra les ramener à la même altitude.

La brise proprement dite est le nom donné par les marins au vent qui souffle alternativement de la côte ou de la mer, dans les régions intertropicales ; nous pensons que ce phénomène est dû aux courants de la réaction atteignant leur maximum de puissance, à 6 heures du matin et à 6 heures du soir, au lever et au coucher du soleil, moments où l'action différentielle du soleil est nulle.

On a étendu l'épithète de brise à tous les vents relativement peu importants qui se manifestent, le matin ou le soir, sur les côtes de la mer. La différence de température entre l'air de la mer et l'air des continents ne nous semble pas suffisante pour expliquer ces courants.

Nous pensons qu'il y a lieu surtout de faire intervenir la différence d'action des astres sur l'atmosphère de la mer et des côtes. Il se produit entre celles-ci et l'Océan une oscillation qui atteint son maximum d'intensité au moment du lever ou du coucher du soleil : ce sont de véritables marées semi-diurnes dérivées.

Il n'est pas possible de rendre cette théorie générale ; tout dépendra de la latitude du lieu et de l'orientation et de l'élévation des côtes, de la proximité d'un golfe, etc.

Nuages, pluie et orages.

Les nuages sont, comme chacun le sait, le résultat de la condensation de la vapeur d'eau contenue dans l'air. Cette condensation se produit lorsque la limite de la tension de la vapeur d'eau ne convient plus à la température du point considéré : donc tout abaissement suffisant de température dans l'air humide provoque un nuage.

Les orages résultent de la production brusque de nuages dans des milieux très chauds chargés de vapeur d'eau : les grands écarts de température entre les parties qui s'entrechoquent, soit à la suite d'une dépression, soit à la suite d'une différence de niveau, déterminent de fortes condensations, donnant naissance à une grande quantité d'électricité.

La température va en diminuant du sol vers la partie supérieure de l'atmosphère, et la vapeur d'eau s'élevant de la mer ou de la terre se condensera, si elle atteint le point convenant à son maximum de tension. Mais un agent facilite extraordinairement cette condensation, c'est l'agent qui ébranle les couches atmosphériques.

Concevons une masse aérienne au-dessus de la mer, à côté d'un continent; un soleil très chaud a activé l'évaporation de l'Océan, puis survient une forte dépression due à l'action simultanée du soleil et de la lune.

Grâce à la rotation de la terre, cette masse tournera autour de la dépression et sera, comme nous l'avons exposé, mise tout entière en mouvement; les couches supérieures viendront prendre contact avec les couches inférieures de la partie centrale; les unes, venant du Nord, s'entrechoqueront avec celles du Sud; d'autres, passant du Sud au Nord, traverseront des régions plus froides.

Toute cette masse humide sera d'autant plus exposée à aller du chaud au froid, que la température de la région inférieure sera plus élevée et que la dépression sera plus considérable. Il se produira alors une grande condensation qui créera des nuages chargés d'électricité.

Dans certains cas, on aura de la pluie; en hiver, principalement par les vents du Nord-Ouest, on pourra avoir de la neige; en été surviendront surtout les orages, quelquefois accompagnés de grêle, et en toutes saisons tous les dérivés des cyclones dans la zone torride.

La température élevée, la grande hauteur des astres au-dessus de l'horizon et le rapprochement de ceux-ci de notre planète, seront les facteurs des orages, des tornados, des trombes, etc., avec accompagnement de pluie torrentielle ou de grêle, au milieu d'éclairs et de tonnerre.

Notre formule même des marées aériennes fait ressortir toutes ces fonctions, sauf la température.

Nous allons le démontrer par un exemple qui nous donnera en même temps un autre moyen de provoquer l'ébranlement des couches atmosphériques.

Supposons deux points à 1 kilomètre l'un de l'autre, le premier sur l'Océan, et l'autre à une même latitude, sur un plateau élevé.

Notre formule nous indique, pour les deux cas, l'expression générale de la forme que prendrait l'atmosphère, sous l'action des forces
attractives, si elle avait partout la même profondeur correspondante.

Et nous avons sur l'Océan

$$a = \sqrt{\frac{2\,h\,\varphi}{g\,\rho}}$$

et sur la montagne

$$a' = \sqrt{\frac{2\,h'\,\varphi}{g\,\rho}}$$

d'où

$$a - a' = \sqrt{\frac{2\,\varphi}{g\,\rho}}\left(\sqrt{h} - \sqrt{h'}\right)$$

et si l'on remplace φ par sa valeur, on obtient

$$a - a' = \sqrt{\frac{4\,f\sin H \sin \alpha}{g\,\rho}}\left(\sqrt{h} - \sqrt{h'}\right)$$

$a - a'$ est la valeur de la marée dérivée qui ira du continent vers
l'Océan, si a est en dépression ou marée basse, et de l'Océan vers le
continent, si a est en surélévation ou marée haute.

Toute la loi de la création des orages le long des côtes, dans les
pays de montagnes, ou accidentés, se trouve dans cette dernière égalité.

En pleine mer, les orages sont plus rares et résultent des dépressions produites au zénith des astres, ou du mouvement des cyclones,
tourbillons, etc.

Notre formule nous fait voir que les orages seront d'autant plus
fréquents :

1° Que les astres seront plus rapprochés de la terre ;

2° Qu'ils seront plus élevés sur l'horizon ;

3° Que les différences d'altitude entre deux points relativement rapprochés seront plus grandes.

Nous savons au surplus que plus les différences de température entre les couches aériennes humides en contact seront élevées, plus la condensation et le dégagement d'électricité seront considérables.

Rapprochant cette vérité des trois lois ci-dessus et donnant à l'ensemble l'extension qui en découle, nous pouvons tirer les conséquences suivantes:

Dans notre hémisphère les orages seront plus nombreux en été qu'en hiver; aux mois de juillet et août qu'au mois de juin, la chaleur étant plus forte et le soleil se rapprochant déjà de la terre; aux syzygies qu'aux quartiers; aux nouvelles lunes qu'aux pleines lunes, toutes autres conditions égales; aux grandes déclinaisons qu'aux petites; aux codéclinaisons du soleil et de la lune; aux lunistices, à cause de l'action continue de la lune à une même déclinaison.

D'une manière générale, sauf le cas des pays accidentés, on peut dire que les orages vont en diminuant d'intensité et de nombre de l'équateur aux pôles.

Coups de grisou.

Le passage rapide d'un cyclone ou d'une dépression au-dessus d'un charbonnage peut y provoquer un *coup de grisou*.

C'est à ce titre que nous en parlons ici. Devant une question aussi palpitante, pourrions-nous d'ailleurs hésiter à dire ce que nous pensons de ce terrible ennemi de l'homme? En montrant ce que la production du *coup de grisou* a de commun avec celle de l'orage, nous associons deux études et augmentons les chances de les faire mener à bien l'une et l'autre.

Une dépression survenant rapidement dans une atmosphère à température élevée peut produire un orage; cette même dépression passant au-dessus d'un charbonnage trouble l'équilibre intérieur et permet au grisou qui est refoulé dans les profondeurs de la mine, de sortir brusquement de sa retraite: l'effet est celui d'un coup de piston dans une pompe. Une dépression relativement faible, mais instantanée, peut avoir plus d'influence qu'une dépression plus forte, mais lente.

Ne pourrait-on installer dans les charbonnages exposés au grisou

un avertisseur général prévenant les mineurs de l'arrivée subite d'une
baisse du baromètre? Une pompe puissante actionnée immédiatement
et refoulant l'air dans les parties dangereuses, laisserait aux ouvriers
le temps de s'échapper; mieux encore, un grand réservoir d'air à
haute pression, placé dans ces régions, serait ouvert instantanément
par la manœuvre d'une soupape et pourrait en même temps, au moyen
d'un sifflet, donner le signal du danger.

Hausse et baisse du baromètre dans notre hémisphère.

Par tout ce que nous savons maintenant il est facile de bien se
rendre compte des indications du baromètre.

Lorsqu'il baisse fortement, il signale le passage d'une grande dépression, avec son cortège de nuages venant des lacs ou de la mer.
Lorsque le vent souffle de cette dernière direction, il y a de très
grandes probabilités de pluie.

Il n'y a pour ainsi dire jamais de pluie sans vent, tandis qu'il peut
y avoir du vent sans pluie.

En cas de forte hausse du baromètre, la dépression se comble et les
courants, au lieu de venir du côté de la mer, vont vers elle; les continents se défendent donc d'eux-mêmes par une forte pression contre
les atteintes de l'atmosphère de l'Océan, et le temps est beau.

Les faibles hausses ou faibles baisses du baromètre, lorsqu'elles sont
sur la limite du beau temps et du mauvais temps, ne peuvent donner
que des indications vagues.

Influence des vents sur la mer.

Les différences de pression barométrique, ainsi que les vents qui
en résultent, peuvent produire de puissantes marées.

Que les vents soient obliques ou horizontaux, nous pouvons en décomposer l'action : en action verticale et action horizontale.

L'action verticale a pour effet d'augmenter la pression sur la mer et d'agir comme la surélévation liquide à laquelle elle correspond : elle provoque une onde dont l'étendue et la puissance augmentent avec la profondeur de l'Océan, comme nous l'avons vu.

La composante horizontale accélère la vitesse de transmission des ondes des marées et des ondes produites par la composante verticale des vents et la différence de pression : cette double action des vents, en cas de cyclones, tornados ou trombes, peut être terrible.

Ajoutons, à ce propos, que les conditions de refoulement de la mer et de l'air vers les pôles étant identiques, on doit souvent rencontrer en mer, et sur les grands lacs de l'Amérique du Nord, l'action simultanée des vagues et des vents dans le même sens.

En n'envisageant que l'action du soleil, par exemple, nous sommes intimement persuadé que vers 5 ou 6 heures du soir, il y a un double reflux vers le Sud-Ouest de la marée générale de la mer et de l'atmosphère, au moment où, le soleil descendant sur l'horizon, ces deux fluides ne sont plus maintenus dans leur équilibre instable. Et ce mouvement qui se produit vers le coucher et le lever du soleil est, en général, comme nous l'avons dit, la grande fonction de la brise.

Aurores.

A défaut de température élevée des régions inférieures de l'atmosphère, des courants considérables peuvent déterminer de grands écarts de température, entre les couches d'air s'entrechoquant, et provoquer ainsi des dégagements importants d'électricité. C'est le phénomène qui se produit dans les régions polaires, et auquel on donne le nom d'aurore : nous avons vu en effet que les plus grandes oscillations barométriques ont lieu vers les pôles.

Mais une aurore australe apparaît en même temps que l'aurore boréale. Notre formule indique en effet que les actions des astres sont symétriques par rapport à l'équateur, la hauteur au-dessus de l'horizon à midi étant la même que celle à minuit, au-dessus de l'horizon correspondant de l'autre hémisphère (voir fig. 1).

Ce fait de simultanéité des aurores boréale et australe est une preuve de plus de l'action dynamique des astres sur l'atmosphère, et que, si dans ce cas particulier, la chaleur du soleil a un rôle commun aux deux pôles, il n'est pas prédominant, car elle agit bien inégalement.

Perturbations de l'aiguille aimantée.

Les courants de l'atmosphère peuvent être considérés comme la cause de beaucoup la plus importante de la production des nuages, et par suite de l'électricité.

L'aiguille aimantée prendra en chaque point du globe une direction générale résultant de la production moyenne des courants électriques en ce lieu : les uns dus à l'action de la force centrifuge, et ceux-ci relativement constants, les autres provenant de l'équilibre rompu par l'action dynamique des astres [1]; puis l'aiguille oscillera autour de cette position.

La dépression polaire due à l'action de la force centrifuge est beaucoup plus importante que la dépression équatoriale ; d'un autre côté, les oscillations barométriques provoquées par le soleil et la lune y sont également plus considérables. Pour ces deux raisons, les courants électriques de l'atmosphère iront en augmentant de l'équateur aux pôles, et à part les perturbations de l'aiguille aimantée résultant des orages, cyclones, tornados ou trombes, les oscillations de la boussole seront d'autant plus grandes qu'on se rapprochera davantage des pôles.

C'est en effet ce que l'on constate.

---

1. Nous ne pensons pas que le mouvement différentiel lui-même des molécules produise de l'électricité ; ce sont les courants de la réaction ramenés par la pesanteur et la force centrifuge.

TROISIÈME PARTIE

CHAPITRE XIII

MARÉES SOLAIRES. — MARÉES PLANÉTAIRES

Quelle que soit la conception qu'on puisse avoir de la constitution du soleil et du nombre de corps qui le composent, nous devons admettre, comme un principe indiscutable, que la chaleur produite par cet astre est le résultat d'une combustion. Mais nous ne pourrions comprendre une combustion indéfinie de mêmes molécules de corps divers en contact, sans que celles-ci fussent constamment bouleversées, séparées, rapprochées, pour se combiner et se décomposer sans cesse, les différences de température facilitant les combinaisons toujours renouvelées entre ces corps divers.

Ne trouvons-nous pas sur notre globe même un exemple frappant de cette combustion pour ainsi dire éternelle? Le bois, ou le carbone, brûle pour former de l'acide carbonique; celui-ci, repris par les plantes, est transformé de nouveau en carbone, sous l'action de la chaleur solaire.

Grâce aux grands écarts de température et de densité qui doivent subsister dans le soleil entre les corps qui brûlent et ceux qui ont brûlé, n'est-on pas en droit de prétendre que ceux qui ont brûlé tombent dans la fournaise pour être dissociés et rendus propres à une nouvelle combustion, l'atmosphère extérieure se prêtant indéfiniment à un rôle d'intermédiaire?

La terre semblant être une émanation du soleil, on peut supposer, avec quelque vraisemblance, qu'on doive retrouver dans celui-ci au moins tous les corps de notre planète. Le spectre solaire n'en indique, il est vrai, qu'une partie, comme l'hydrogène, le sodium, le potassium, le calcium, le fer, le nickel, etc. ; il ne découvre ni l'or, ni l'argent, ni le plomb, etc.

On voit déjà, par cette énumération, que les métaux reconnus sont ceux qui ont le plus d'affinité pour l'oxygène. La présence considérable de l'hydrogène nous laisse deviner également, que si le soleil se refroidissait un jour comme la terre, cet hydrogène saurait bien trouver son oxygène pour constituer l'eau. Et si l'on rapproche de cette hypothèse la présence de l'oxygène pour ainsi dire dans tous les corps composés de la terre et à l'état libre, dans l'atmosphère, on atteindra une probabilité qui confine à la certitude que ce métalloïde existe dans le soleil. On s'expliquera alors aisément pourquoi tous les corps ayant de l'affinité pour l'oxygène s'en disputent la propriété dans le soleil, et sont ainsi maintenus dans la région de combustion, c'est-à-dire dans celle de la lumière soumise à l'examen si sûr et si merveilleux du spectre solaire.

La densité de l'or, de l'argent et du plomb est au surplus plus considérable que celle des autres métaux reconnus.

Quoi qu'il en soit, grâce aux expériences admirables de la chimie, dont le nombre est pour ainsi dire incalculable, depuis la température la plus basse jusqu'à la température la plus élevée, nous pouvons nous livrer à beaucoup d'hypothèses sur la façon dont les corps se combinent et se dissocient ou se recombinent sous une autre forme, dans le soleil. Et nous pouvons, sans crainte, prendre comme un minimum nos expériences de laboratoire, car, en dehors des températures inouïes de cet astre, nous sommes en droit de compter sur des courants électriques d'une énergie qui échappe peut-être à notre conception, courants dus à l'énorme chaleur développée, au contact multiplié de vapeurs métalliques de divers métaux, à des températures bien différentes, et enfin aux pressions considérables exercées.

On sait qu'à des températures élevées un grand nombre d'oxydes sont attaqués par l'hydrogène qui, s'emparant de leur oxygène pour former de l'eau, dégage le métal. Celui-ci à son tour décompose la vapeur d'eau, et rend l'hydrogène à sa première liberté.

Et si l'hydrogène ne parvient pas à décomposer l'oxyde directement, peut-être y arrive-t-il par un courant, ou tout au moins à l'aide d'un second métal. Le fer chauffé au rouge décompose en effet la potasse et la soude hydratées.

En choisissant comme types l'hydrogène, le sodium, le fer et l'oxygène, si répandus sur notre planète, et dont la présence dans le soleil est certaine, nous espérons donner une idée suffisante du phénomène de la combustion éternelle du soleil.

La vapeur d'eau est décomposée par les vapeurs métalliques [du sodium et du fer; il se forme de la soude et des oxydes de fer. L'hydrogène à son tour attaque ces oxydes et rend libres les métaux.

On ne saurait prétendre que la vapeur d'eau ne peut exister à ces hautes températures, car elle subsistera, ne fût-ce qu'un instant, lorsque l'hydrogène aura attaqué l'oxyde de fer *à une température élevée*, expérience de laboratoire que personne ne songera à contester.

On aura ainsi constamment :

$$FeO + H = Fe + HO$$

puis

$$Fe + HO = FeO + H.$$

L'hydrogène serait donc, par le fait, le grand artisan de la chaleur du soleil. Reprenant aux métaux leur oxygène, alors que ces métaux auraient terminé leur première opération de combustion et fourni ainsi leur contingent de chaleur, il le leur laisserait ressaisir ensuite pour leur permettre une nouvelle combustion, un nouveau dégagement de chaleur.

Les métaux brûleraient dans la partie relativement refroidie, c'est-à-dire dans celle exposée au rayonnement et dont on aperçoit les longues flammes, et la combustion s'étendrait d'une façon considérable dans l'atmosphère solaire, circonstance qui trouve facilement son explication dans les températures différentes qui conviennent à l'hydrogène pour attaquer les nombreux oxydes. Quant à la vapeur d'eau, elle doit être pour ainsi dire instantanément décomposée par les vapeurs métalliques et restituer l'hydrogène.

Toute circonstance, qui facilitera le contact entre les différentes molécules, augmentera la combustion et par suite la chaleur solaire. Or les taches qui forment des dépressions profondes dans l'immensité du soleil, troublant l'équilibre, provoquant des courants extraordinaires, ne conviennent-elles pas admirablement à cet effet? C'est ce que l'expérience a pleinement confirmé, car on constate une recrudescence de chaleur à la suite de chaque tache.

Et c'est pourquoi le créateur a songé à la nécessité impérieuse de donner aux diverses molécules solaires un mouvement de va-et-vient incessant, permettant à chaque molécule de rencontrer précisément celle qu'elle recherche pour obéir à la loi qu'il lui a imposée de *brûler sans cesse.*

Force centrifuge.

La première force perturbatrice a été la force centrifuge. D'après la théorie actuellement admise, cette force serait plus faible que celle de la Terre. Elle serait en effet égale à $\dfrac{R}{r} \times \dfrac{\ell^2}{T^2}$, soit environ au $\dfrac{1}{5}$ de celle du globe.

Mais on n'a pas tenu compte de la profondeur du fluide qui est, comme nous l'avons vu, la fonction importante de la force centrifuge, car c'est-elle qui peut donner à une force absolue, pour ainsi dire nulle, une action infiniment grande, qu'elle va puiser elle-même dans son infinie profondeur. La masse gazeuse de l'atmosphère solaire se confondant sans obstacle avec la partie centrale, on peut juger de l'immensité des dépressions, si on les compare aux dépressions distinctes et cependant appréciables de notre Océan et de notre atmosphère, c'est-à-dire de fluides qui n'ont que quelques kilomètres de profondeur.

On concevra alors l'étendue des dépressions équatoriales et polaires provoquant des courants d'une extrême violence vers l'équateur (véritables alizés) et vers les pôles, courants du Sud-Ouest et Nord-Ouest suivant les hémisphères.

Action des planètes.

Mais la force centrifuge elle-même ne suffisait pas, car elle n'eût donné aux molécules solaires qu'un mouvement uniforme, monotone, établissant une sorte d'équilibre relatif qui n'eût pas répondu au but cherché. Il fallait l'aide du grand agitateur des fluides. Il fallait le concours du cyclone !

De là, les planètes. Et si, comme nous le pensons, la lune est nécessaire à la vie de l'homme et des plantes, sur le globe terrestre, les planètes sont au moins aussi nécessaires au maintien de l'activité solaire, activité qui, pour passer par des variables, n'en sera pas moins éternelle, car elle a pour toujours de quoi se suffire à elle-même.

On doit donc observer sur le soleil des marées semblables aux marées terrestres, entrecoupées de cyclones, tornados, tourbillons et de tous les attributs des actions différentielles, dues aux forces attractives des planètes, combinées avec la force centrifuge.

Si l'on rapproche de ces forces la grande profondeur de l'atmosphère solaire, on aura l'explication des immenses déchirures observées, dites taches solaires, produites par les cyclones.

La marche de ces taches sera semblable à celle des cyclones terrestres, sauf qu'elle obéira à l'action diverse et variable de toutes les planètes.

Mais, rappelons en quelques mots les conditions générales du système solaire.

Le soleil tourne sur lui-même en 25 jours et demi ; son plan équatorial fait avec l'écliptique un angle de 7°10′.

Toutes les planètes peuvent être considérées comme tournant dans le plan de l'écliptique, sauf Mercure qui fait avec celui-ci un angle de 7°, Vénus un angle de 3°23' et Saturne un angle de 2°29'.

Si l'on veut étudier l'action différentielle des forces attractives des planètes, il convient de prendre leurs déclinaisons rapportées au plan équatorial du soleil, et non plus au plan de l'écliptique.

La déclinaison ainsi comprise de la Terre, Mars, Jupiter, Uranus et Neptune (nous négligeons les petites planètes qui exercent néanmoins leur influence) variera de 0 à 8 degrés environ, tandis que Mercure oscillera de 0 à 14°10', Vénus de 0 à 10°33', Saturne de 0 à 9°39'.

Prenant pour unité l'action différentielle de la Terre sur les marées solaires, nous avons trouvé que Mercure a une valeur moyenne de 2.95, Vénus de 2.39, Jupiter de 2.48, Mars de 0.037, Saturne de 0.11, Uranus de 0.02 et enfin Neptune de 0.004.

Si l'on étudie l'action des forces différentielles aux différentes déclinaisons, on remarque qu'elle est maximum dans la région équatoriale, lorsque l'astre a une déclinaison nulle, tandis qu'elle est négligeable dans la région polaire.

Mais si l'on s'écarte beaucoup du plan équatorial, l'action principale diminue, pour augmenter l'action secondaire des pôles.

Donc, pour obtenir le maximum d'effet, le Créateur a dû donner une faible déclinaison aux planètes.

Il a cependant semblé faire une exception en faveur de Mercure, mais quelle exception?

La révolution sidérale de 88 jours de Mercure est la plus courte; de plus, l'excentricité de l'ellipse qu'il parcourt est de 0.20, c'est-à-dire de beaucoup supérieure à toutes les autres, de telle sorte que son action différentielle moyenne de 2.95 varie de 1.75 à 5.87.

La conséquence de cette situation particulière de Mercure est de jeter constamment le trouble dans les mouvements plus uniformes, plus durables, commandés par les autres planètes.

Lorsque Mercure se trouve dans le plan équatorial solaire à son périgée, il y provoque à lui seul des marées presque égales à l'ensemble de toutes les autres. Et si, après avoir refoulé vers les pôles, dans des conditions les plus favorables, le fluide solaire, il vient à s'écarter brusquement du soleil, toute la masse déplacée revient avec violence vers sa position d'équilibre, fortement sollicitée, d'ailleurs, par la force centrifuge.

Mercure, Vénus, Saturne et la Terre sont les plus grands perturbateurs du soleil.

Vénus a une faible excentricité et son influence oscille, à ce point de vue, entre 2.30 et 2.39, tandis que celle de Saturne varie entre 2.09 et 2.81.

En comparant Mercure aux autres planètes, il est facile de constater que son rôle vis-à-vis du soleil est semblable à celui de la lune vis-à-vis de la Terre.

Mercure est le grand trouble-fête, c'est lui qui, comme la lune, a pour mission spéciale d'opérer des diversions, couper les courants, renverser les mouvements, pour revenir bientôt détruire avec fracas ce qu'il a fait lui-même.

Formation, extension, marche des taches solaires.
Périodicité.

De même que les cyclones terrestres, les taches solaires qui naissent dans les environs de l'équateur, meurent sur place, parce que la composante horizontale de la force centrifuge, nulle dans cette région, ne leur donne ni direction, ni extension. A quelques degrés de l'équateur, les taches grandissent pour les mêmes causes que nos cyclones : toutes les planètes provoquent un mouvement différentiel de refoulement des molécules vers les pôles, tandis que la composante centrifuge horizontale agit vers l'équateur, donnant lieu à un mouvement direct des molécules. Pendant ce temps, d'ailleurs, l'action différentielle de la force centrifuge agit sur toute l'étendue de la tache, refoulant encore le fluide vers les pôles, jusqu'à la latitude théorique de 45°, point à partir duquel le refoulement se fait dans le sens contraire.

Les taches solaires doivent suivre une direction semblable à celle des cyclones; toutefois, à cause de la déclinaison plus faible des planètes par rapport à l'équateur solaire, elles doivent disparaître plus tôt, la hauteur des planètes au-dessus de l'horizon solaire n'étant plus suffisante à partir d'une certaine latitude.

Nous avons dit que les plus fortes marées solaires avaient lieu, lorsque les planètes sont à leur périgée dans le plan équatorial; mais nous ne saurions en dire autant des taches solaires. Celles-ci en effet sont créées sous l'action d'une ou plusieurs planètes qui se rapprochent du soleil ou sont en conjonction, puis elles se développent, comme nous l'avons exposé. A quel moment atteindront-elles leur maximum d'étendue? C'est une question que l'observation et les calculs résoudront. En attendant, nous pouvons dire, d'une manière générale, que les taches seront plus considérables dans l'hémisphère où se trouvent les planètes; plus grandes lorsque les planètes seront entre le soleil et nous; plus grandes aussi lorsque le périgée coïncidera avec une forte déclinaison de la planète : une fois formée, la tache grandira sous l'action de toutes les planètes.

Les taches seront symétriques par rapport à l'équateur, mais non identiques, pour les raisons que nous venons de donner.

Cette symétrie elle-même est une preuve de plus de l'action dynamique des planètes, dans la création et le développement des taches solaires.

La force centrifuge du soleil, ainsi que la force attractive de la couronne zodiacale, interviennent d'une manière constante dans l'expansion des taches, leurs actions variant avec la position et l'étendue initiales de celles-ci. Si chacune de ces taches était due exclusivement à une planète déterminée, apparaissant d'une façon identique après une période connue, on pourrait négliger ces forces constantes. Mais il n'en est pas ainsi. La distance des planètes au soleil ainsi que leur déclinaison, telle que nous l'avons comprise, peuvent varier d'une révolution à l'autre; d'un autre côté, toutes les planètes interviennent dans la création et ensuite dans le développement de chacune des taches, avec des effets variant suivant leur ascension droite. Il n'est donc pas possible de supprimer le rôle de la force centrifuge du soleil ainsi que celui de la couronne zodiacale. Cependant les planètes, par l'essence même de la variabilité de leurs forces attractives, sont la cause déterminante de ces cyclones solaires et doivent exercer une influence prépondérante dans leur périodicité : en attendant l'étude très compliquée de l'expansion des taches, sous l'action de toutes les forces qui les sollicitent, il sera donc possible, suivant nous, de déterminer, dans une certaine mesure, le cycle des taches par les déclinaisons et ascensions droites des planètes et leur distance au soleil.

Toutes les planètes interviendront suivant leur importance ; mais Mercure, Vénus, la Terre et Jupiter auront une influence marquée. La révolution de Jupiter étant de 12 ans, alors que celle des autres planètes est de 3, 7 et 12 mois, il est évident que la périodicité devra se rapprocher de 12 ans. On constate en effet qu'elle oscille autour de 11 ans et quelques mois.

Saturne, dont la révolution sidérale est de 29 ans et demi, et l'excentricité considérable, doit également exercer une influence appréciable, quoique son action, comparée à celle de la Terre, ne soit représentée que par 0.11.

Couronne zodiacale.

Mais nous sommes loin d'avoir approfondi tous les secrets de la combustion éternelle du soleil. La lumière zodiacale n'éclairerait-elle pas à son tour un des coins mystérieux de ce phénomène ? Cette couronne immense de molécules infiniment ténues qui entoure le soleil n'a-t-elle pas été projetée par la force centrifuge ? Il est vrai que la théorie n'autorise pas celle-ci à semblable action, au moins dans la portion de cet astre que nous pouvons apercevoir. Mais la chaleur si intense à l'équateur, dilatant les gaz avec une si puissante énergie, ne vient-elle pas apporter un concours suffisant à cette force centrifuge, sans parler des éruptions solaires ?

La forme aplatie, à son extrémité, de cette couronne se confondant avec le plan équatorial confirmerait certes cette hypothèse, attendu que la force centrifuge est maximum à l'équateur.

Les molécules relativement refroidies, n'étant plus repoussées par l'excessive chaleur, seraient attirées par le soleil et précipitées à leur heure dans l'immense brasier de l'équateur, pour y subir une véritable dissociation et permettre aux éléments ainsi séparés de se recombiner par la suite dans la partie extérieure, mieux désignée sous le nom de *partie brûlante*, et alimenter ainsi le foyer éternel. Le mouvement moléculaire provoqué dans cette couronne ceignant l'équateur n'est comparable à aucun autre connu. La racine carrée de la profondeur presque infinie de ce fluide, multipliée par la force différentielle maxima des planètes, pour ainsi dire constamment à leur zénith, au-dessus de l'horizon zodiacal, donne un produit qu'on concevra d'autant moins, que le soleil en augmente l'importance par l'échauffement inégal, le refroidissement devrions-nous dire, de molécules si différemment éloignées. Et si à cette action déjà très considérable on ajoute celle de la masse elle-même du soleil, quel résultat n'obtiendra-t-on pas ? Cette couronne zodiacale agira à son tour sur le soleil pour y augmenter, notamment à l'équateur, les marées, dont nos vents alizés ne peuvent nous donner qu'une faible idée. Quel sujet d'étude que ce mouvement extraordinaire des molécules dans toutes les profondeurs solaires, depuis la zone zodiacale jusqu'aux parties les plus centrales !

Toutes les étoiles ont leurs planètes.

Quoi qu'il en soit, comme nous l'avons déjà dit, les planètes sont nécessaires au maintien de l'activité solaire; aussi, en observant la mission de chacune d'elles, on tombe en admiration devant l'œuvre du Créateur et l'on se dit une fois de plus que ce n'est pas le hasard, ce je ne sais quoi d'impersonnel, d'inconscient, d'irresponsable, néant lui-même, qui a pu créer de semblables merveilles, ni ordonner aux astres des rôles si simples, si définis et si ponctuellement remplis.

Ce que nous savons maintenant de notre système solaire, nous permet de nous livrer à de nouvelles hypothèses sur les autres soleils, sur les étoiles. Ces soleils ayant aussi leurs planètes, créées par eux-mêmes, trouveraient dans leurs créatures propres des auxiliaires indispensables au maintien de leur activité.

Imaginons deux systèmes solaires allant l'un vers l'autre. Actionnés par leurs planètes, les deux soleils tournent sur eux-mêmes; chacun d'eux agissant à son tour sur l'autre, en augmente la rotation, dans le sens choisi primitivement par l'astre, quel qu'il soit. La rotation déterminant un mouvement semblable à celui de la toupie, les deux soleils tournent autour l'un de l'autre, sans jamais pouvoir se rencontrer. Donc notre soleil ne tombera jamais sur un autre soleil.

Marées planétaires.

Il doit exister dans toutes les planètes qui ont une atmosphère, et il est bien difficile de concevoir une planète qui n'en ait point, il doit exister, disons-nous, des vents alizés, des calmes, des courants vers les pôles, des taches ou cyclones, sans parler des marées proprement dites, dues à l'action du soleil et à celle des satellites ou anneau, lorsque les planètes en sont pourvues.

La force centrifuge, qui a provoqué une dépression apparente des pôles, entretient cette dépression dans les fluides (gaz, vapeurs ou liquides) aux pôles et à l'équateur.

Aussi quels courants ne doit-on pas observer sur Jupiter et Saturne, que nous choisirons comme exemples, parce qu'ils accumulent toutes les conditions les plus favorables à notre hypothèse de l'action différentielle ?

Jupiter et Saturne ont à peu près le même rayon et une même rotation, la force centrifuge devrait donc y produire des effets semblables.

Dès l'origine, l'action verticale de la force centrifuge étant, au moins dans la zone très voisine de l'équateur, supérieure à la pesanteur, la partie extérieure a sans doute été projetée et a formé les noyaux des satellites.

L'action horizontale de la force centrifuge et la pesanteur ont comblé les vides produits, jusqu'au moment où l'action verticale de la force centrifuge est devenue égale à la pesanteur. Les noyaux formés ont attiré à eux les nouvelles projections et ont constitué les satellites que l'on observe, ainsi que l'anneau de Saturne.

Toutes les hypothèses plausibles étant permises, ne peut-on pas supposer, à propos de cette dernière planète remarquable, que le premier anneau une fois formé, agissant à l'équateur même, a augmenté le refoulement vers les pôles et par suite la rotation; que cet accroissement de vitesse a augmenté à son tour la force centrifuge, et qu'un second anneau a été ainsi créé?

Quoi qu'il en soit, on observe sur Jupiter et Saturne des bandes claires et obscures parallèles à l'équateur de chacune des planètes. A l'équateur même se trouve notamment une partie blanche, et des deux côtés, une partie obscure. La lumière solaire qui nous est renvoyée par les deux planètes a-t-elle été moins absorbée, *à l'aller et au retour*, par l'atmosphère fortement déprimée de la région équatoriale, ou bien est-elle réfléchie plus directement et complètement par des nuages?

La dépression équatoriale se dégagerait dans tous les cas de cette double hypothèse, car nous savons que la condensation et par suite le nuage se forme principalement là où il y a baisse de la pression. D'une manière générale, nous pouvons donc avancer que les parties blanches signalent des dépressions, ou des cyclones, et les parties obscures, des surpressions, ou des anticyclones.

CHAPITRE XIV

MARÉES SOUTERRAINES. — TREMBLEMENTS DE TERRE

Si les marées peuvent être suivies dans toutes leurs évolutions, et aider ainsi à l'étude des actions des forces qui les sollicitent, il n'en est plus de même des phénomènes souterrains.

L'écorce terrestre qui recouvre le noyau plus ou moins visqueux du globe, nous cache les mouvements et nous laisse livrés aux hypothèses, sur les causes de ceux qui se font connaître à nous par des tremblements de terre et des éruptions volcaniques : terribles émissaires qui nous parviennent, alors qu'il est trop tard d'en conjurer les coups !

Nous ne pouvons que procéder par analogie et rapprocher les causes probables des effets produits.

Certains faits cependant ne sont plus discutés par la science.

L'enveloppe terrestre a une épaisseur et une résistance variables. Provenant du refroidissement progressif de la terre, sans cesse brisée et reconstituée, elle est parvenue de nos jours à une sorte d'équilibre relatif. Ses volcans plus ou moins éteints semblent être comme autant de soupapes de sûreté fixées à cette immense chaudière, dont les pressions intérieures atteignent parfois, d'après des calculs précis, plus de deux mille atmosphères.

Entre l'écorce et le noyau terrestre, en certaines régions du moins, se trouvent des gaz et des vapeurs : on peut donc en conclure que l'enveloppe ne fait pas corps en toutes ses parties avec la portion centrale plus ou moins liquide.

Mais ces vapeurs, et peut-être ces liquides, obéissent aux actions de la force centrifuge et des astres. Par analogie, nous pouvons admettre deux dépressions principales aux pôles et à l'équateur, dues à la force centrifuge. Celle-ci provoque un équilibre relatif : des courants supérieurs et inférieurs quittent certaine latitude pour aller se déverser à l'équateur et aux pôles, et faire ainsi la contre-partie du mouvement moléculaire, dû à l'action dynamique.

Si cette force subsistait seule, il est probable que la terre ne serait plus troublée qu'en des points déterminés et constants.

Mais les forces attractives du soleil et de la lune, seules variables, viennent jeter la perturbation dans cet équilibre relatif.

Aux équinoxes lunaires et solaires, les pressions intérieures deviennent faibles à l'équateur, faibles aux pôles, tandis qu'elles augmentent entre ces deux régions, pour y créer la marée haute. Les astres s'élevant dans l'un ou l'autre hémisphère, les marées basses équatoriales et polaires diminuent, pour faire place aux marées hautes, et réciproquement.

Lorsque les astres reviennent dans le plan équatorial, ou s'éloignent de la terre, le fluide, refoulé vers les hautes latitudes, tend à reprendre sa position d'équilibre et à suivre la direction inverse, vivement sollicité par la force centrifuge. Si dans ce mouvement il crée une dépression vers les pôles, il provoque, par son reflux dans les régions des latitudes inférieures, une marée haute d'autant plus considérable que l'astre se sera plus écarté de la terre. C'est le cas de presque tous les tremblements de terre, qui ont eu lieu en 1891 dans la Méditerranée, alors que la lune était à son apogée.

La marée basse ou la marée haute peuvent déterminer le même résultat : dans le premier cas, l'écorce terrestre subit une pression de haut en bas, tandis que, dans le second cas, elle la subit de bas en haut. Et, si l'on en juge par analogie avec les phénomènes atmosphériques, il surviendrait des écarts de plus de cent atmosphères, dans les variations des pressions des vapeurs et gaz souterrains, ce qui correspondrait au poids énorme d'une colonne d'eau de 1,000 mètres de hauteur venant subitement presser l'écorce terrestre !

Ces variations dépendent de la profondeur des gaz et vapeurs, et peut-être de celle, plus grande encore, des liquides[1].

Les actions des astres, combinées avec celles de la force centrifuge, peuvent provoquer localement des dépressions considérables, cycloniques, ayant pour effet de créer de violents courants.

Par la dépression, la partie inférieure, plus ou moins liquide, est projetée vers l'écorce terrestre, sous l'action des pressions voisines, comme cela se passe dans les puits artésiens.

Le contact de ces matières en fusion avec les gaz et vapeurs, combiné avec le grand mouvement moléculaire de tous ces fluides, détermine une augmentation de température, qui augmente à son tour la pression intérieure.

Les plus grandes dépressions auront lieu à l'équateur, puis aux latitudes égales aux déclinaisons des astres.

La transmission des mouvements souterrains doit être incomparablement plus rapide que celle de l'atmosphère et même de la mer, à cause des fortes pressions agissant sur des matières liquides incompressibles, et à cause de la grande profondeur probable des gaz et des liquides, qui, augmentant la puissance des marées, diminue, comme nous l'avons vu, la durée de cette transmission.

Grâce à cette instantanéité de l'effet qui suit la cause, il sera d'ailleurs plus facile de rechercher le rôle vrai des astres, dans l'étude des tremblements de terre et des éruptions volcaniques.

Les positions des astres les plus favorables à ces commotions sont : syzygies, déclinaisons nulles, codéclinaisons, lunistices, solstices, périgée et même apogée. C'est la différence subite entre deux actions, qui détermine les chocs, les troubles dans l'équilibre; si la terre venait à tourner tout à coup de 10 mètres de moins par seconde, elle produirait le même effet que si sa vitesse augmentait de 10 mètres. Une force dont l'importance diminue subitement est une seconde force. La première avait provoqué un certain équilibre relatif par la réaction, tandis que la seconde détruit ce dernier.

---

1. En supposant tout le noyau liquide et très fluide, on atteindrait un nombre d'atmosphères devant lequel on est obligé de reculer!

Si le tremblement de terre a lieu à l'apogée de la lune, on peut être certain qu'il est dû au mouvement produit par la force centrifuge et les pressions hydrostatiques ayant brusquement leur champ libre. La pression barométrique, ainsi que les perturbations de l'aiguille aimantée fourniront, dans certains cas, à la science, des indications précieuses, surtout si les phénomènes extérieurs ne sont manifestement pas causés par les tremblements de terre eux-mêmes [1].

Le premier soin de l'observateur sera de relever, sur la mappemonde, tous les lieux exposés aux tremblements de terre, et de dresser un tableau de la résistance relative de l'écorce terrestre en chacun de ces points ; d'examiner attentivement la position occupée par les astres, lors des commotions. Il recherchera surtout si celles-ci proviennent d'un trouble général de l'équilibre souterrain, ou si elles sont dues à une action exclusivement locale.

Par notre théorie des mouvements différentiels, on saura d'ailleurs, avec une très grande probabilité, où se trouvent les grandes et basses pressions, et l'on obtiendra de ces hypothèses un moyen précieux d'investigation.

Il est possible que du rapprochement unique de tous les phénomènes observés jusqu'à ce jour on parvienne à déterminer, d'une façon empirique, s'il le fallait, les grandes probabilités des tremblements de terre, en attendant que les progrès de la science conduisent, peu à peu, à une prévision raisonnée et certaine.

En attendant, nous croyons pouvoir dire que les tremblements trouvant leurs causes dans les actions cycloniques des astres, doivent

---

1. Les perturbations de l'aiguille aimantée ne sauraient être attribuées aux tremblements de terre eux-mêmes ; observées souvent loin du phénomène, elles sont dues à la même cause. L'aiguille aimantée, sollicitée par des courants électriques de l'atmosphère, serait-elle également influencée par des courants souterrains ? Admettre cette hypothèse, c'est reconnaître qu'une force commune agit sur les fluides extérieurs et intérieurs ; rejeter l'hypothèse des courants électriques souterrains, c'est reconnaître tout au moins que les tremblements de terre sont dus à la même cause que les courants électriques de l'atmosphère. Dans les deux cas, c'est donner raison à notre théorie qui veut que les troubles atmosphériques et les troubles intérieurs trouvent leur origine dans la force attractive des astres.

avoir une grande analogie avec les perturbations créées par les cyclones terrestres et les taches solaires, leur nombre diminuant de l'équateur aux pôles. Le relief intérieur de la croûte terrestre varie; il s'y trouve des montagnes et des vallées. Certaines dépressions s'y produisent, se développent sous l'action des astres et de la force centrifuge et viennent dans leur parcours, passant en revue la solidité de notre écorce, ébranler les points faibles. Les parties déjà bouleversées, à peine ressoudées, sont bien plus sujettes à leurs atteintes; les points de soudure entre les mers ou les lacs et les continents, qui attestent des troubles antérieurs, sont plus exposés aussi à ces terribles secousses.

Notre mémoire était sous presse lors des tremblements de terre de Constantinople, dont nous avons suivi toutes les péripéties avec une attention scrupuleuse et émue. Nous avons remarqué que le 3 juillet, c'est-à-dire 7 jours avant la catastrophe, la lune, en conjonction avec le soleil, était extraordinairement rapprochée de la terre, à une déclinaison *nord* de 27°30, à la fin de son lunistice, c'est-à-dire dans les cinq conditions les plus propices à un mouvement considérable de refoulement vers notre pôle. N'est-ce pas le mouvement de retour de cette masse intérieure vers son point d'équilibre qui a provoqué un tel bouleversement ? La lune, à ce moment, était à son premier quartier et à peu près dans le plan équatorial, c'est-à-dire dans les conditions les plus favorables au reflux de la marée.

Déjà avec les renseignements nombreux que possède la science, nous espérons qu'on pourra parvenir à un premier classement. On répartirait les tremblements de terre, d'après les probalités, en deux catégories : ceux dus aux dépressions, et ceux dus aux surpressions, et l'on étudierait la loi convenant à chacune d'elles, les quelques erreurs de classement devant disparaître par le grand nombre d'observations.

Si l'on restreignait à la région torride la recherche de la loi des tremblements de terre, on parviendrait plus sûrement à sa découverte, car c'est là qu'est le centre d'action, le champ libre aux véritables forces perturbatrices de l'équilibre des fluides. Dans cette région, on n'observe guère que les actions directes, la marée basse et la marée haute, tandis que dans nos latitudes le problème se complique de marées secondaires, peut-être tertiaires et d'un mouvement de reflux dont il est difficile de discerner tous les éléments et dans lequel intervient la force centrifuge. Dans la région équatoriale proprement dite, on éliminerait même complètement la composante horizontale de la force centrifuge, et la question serait singulièrement simplifiée.

Notre théorie, reposant sur l'attraction des astres, embrasse évidemment toutes les causes pouvant augmenter ou diminuer brusquement les forces attractives extérieures, comme une hausse ou baisse subite de la mer et de la pression atmosphérique, le passage plus accentué d'étoiles filantes, le voisinage d'une comète, et même, plus faiblement, le rapprochement ou l'éloignement rapide d'une planète.

CHAPITRE XV

QUELQUES CONSÉQUENCES CURIEUSES DE LA THÉORIE DU MOUVEMENT DIFFÉRENTIEL

Rotation des astres.

On sait que le soleil tourne sur lui-même ; que les planètes ont un mouvement propre de rotation, variant avec chacune d'elles. Or toute rotation est un travail, tout travail exige une force. On ne peut prétendre que les astres ayant eu un mouvement initial de rotation, le conserveraient ainsi inaltérable à travers les siècles, car ce serait admettre le mouvement perpétuel.

Les courants de la mer et de l'atmosphère, allant, par exemple, de l'équateur aux pôles, tendent à donner aux parallèles qu'ils traversent une vitesse plus grande ; les courants contraires tendent à diminuer celle-ci. On pourrait croire à une compensation, s'il n'y avait dans les deux cas une perte de travail par les chocs et les frottements, au détriment de la rotation elle-même : cette perte doit être restituée, donc la rotation est entretenue par une force [1].

Il est évident que cette force est extérieure, et puisqu'elle est extérieure, elle doit résider dans les astres et être inséparable de l'attraction.

Le soleil ferait ainsi tourner les planètes sur elles-mêmes, et celles-ci, à leur tour feraient tourner le soleil.

Dans le cas où, comme cela semble avoir lieu pour certains satellites des planètes, la planète aurait sur elle-même une rotation dont

---

1. Ce sont principalement les deux mouvements en sens contraire provoqués par la force centrifuge qui tendent à diminuer la rotation.

la durée serait égale à celle de son orbite, on pourrait admettre que la rotation est la conséquence directe de la révolution, la partie la plus lourde de la planète regardant constamment le soleil autour duquel elle décrit son orbite. Mais il n'en est pas ainsi pour les planètes, et leur rotation est bien plus rapide que la révolution de l'orbite.

Dans l'étude des marées et des oscillations atmosphériques, nous avons constaté le refoulement indéfini par le soleil et par la lune des fluides de l'équateur vers les pôles.

Ce refoulement a pour effet de donner aux molécules rencontrées une poussée vers l'Est, et par suite d'accélérer la vitesse de rotation de la terre. Et c'est ainsi que, dès l'origine, le phénomène a dû se passer. La vitesse de rotation ne s'est plus accrue à partir du moment où la force tendant à l'accélérer, a été absorbée par le travail même de la rotation : il y a eu alors équilibre entre la force agissante et le travail produit.

Il est facile de vérifier notre principe et de se rendre compte en même temps des forces considérables emmagasinées dans les astres, en observant les faibles variations de leur rotation, lorsque les forces agissantes varient.

La terre doit tourner plus vite au printemps et à l'automne qu'en été et en hiver, et principalement aux syzygies des équinoxes[1].

Inclinaison de l'équateur sur l'orbite.

L'inclinaison de l'équateur de chaque planète ainsi que du soleil sur le plan de l'écliptique est intimement liée au phénomène de la rotation.

Prenons la terre pour exemple.

Si on la partage en deux hémisphères par un méridien perpendiculaire à la ligne joignant son centre à celui du soleil, et si l'on prend

1. La somme des actions de refoulement vers les pôles atteint en effet son maximum à ce moment, comme nous l'avons vu pour les marées équinoxiales.

les deux centres de figure de ces deux hémisphères, on voit que celui qui est du côté du soleil est plus attiré que l'autre, et que le centre d'attraction est en avant du centre de la sphère.

D'un autre côté, le refoulement moléculaire de l'équateur aux pôles, qui a lieu le jour, est plus considérable que celui de la nuit ; ce mouvement tend à imprimer aux molécules du méridien supérieur une plus grande vitesse vers l'Est qu'à celles du méridien inférieur, il en résulte que le plan de rotation ne peut coïncider avec celui des forces attractives et que l'équateur terrestre doit être incliné sur l'écliptique.

Nutation.

Les oscillations de l'axe terrestre, phénomène connu sous le nom de nutation, doivent varier avec les distances et les déclinaisons du soleil et de la lune. Lorsque les déclinaisons sont les plus élevées et les distances les plus rapprochées, les oscillations atteignent leur maximum : en hiver l'oscillation est plus grande qu'en été, toutes autres circonstances étant égales.

Autres planètes.

D'après notre hypothèse, plus les astres seront rapprochés, plus la différence d'attraction sur les deux hémisphères considérés sera importante et plus le plan équatorial de la planète, ou des satellites, sera incliné sur l'écliptique ou l'orbite.

Dans l'inclinaison doivent intervenir également les masses des deux astres, leurs diamètres, et s'il s'agit de planètes, le nombre et l'influence de leurs satellites.

L'équateur de Mercure est presque perpendiculaire au plan de l'écliptique ; celui de Vénus fait un angle de 72° ; celui de la Terre un angle de 23°, tandis que l'équateur de Mars fait un angle de 28°, à cause de sa faible masse sans doute, eu égard au diamètre.

Jupiter oppose au soleil une masse considérable ; en outre ses quatre satellites tendent à maintenir son équateur dans le plan de leur orbite ; aussi l'équateur ne fait-il avec l'écliptique qu'un angle de 3°.

Saturne a un très grand diamètre eu égard à sa masse ; les centres des deux hémisphères, que nous avons envisagés, sont donc relativement plus éloignés du centre de la sphère, et la différence d'attraction est plus grande ; une même action s'exerce également sur l'anneau de Saturne, lequel, à son tour, influence la planète et tend à la faire tourner dans son orbite. Quoique l'anneau soit séparé de la planète, on peut donc supposer qu'ils se confondent, pour l'objet qui nous intéresse, et malgré ses satellites, dont un seul est d'ailleurs important, Saturne a son équateur incliné de 28°40′ sur l'écliptique.

Soleil.

Le soleil ayant une masse incomparablement supérieure à celle de toutes ses planètes et satellites, on conçoit que sa rotation sur lui-même, ainsi que l'inclinaison de son plan équatorial sur l'écliptique, soient relativement faibles.

En effet, le soleil tourne sur lui-même en 25 jours 35 ; et son équateur fait avec l'écliptique un angle de 7°10′, seulement.

C'est Mercure qui aurait le plus d'influence sur sa rotation, viennent ensuite Jupiter, Vénus et la Terre.

Si l'application de notre théorie est exacte, on doit observer une plus grande rotation de cet astre, lorsque deux ou trois de ces planètes se trouvent dans le plan équatorial ; et le mouvement de refoulement vers les pôles, sous l'action des planètes, étant plus considérable dans les environs de l'équateur que vers les pôles, le soleil doit sembler tourner plus vite dans ces régions que dans les latitudes plus élevées.

Le maximum de vitesse doit s'observer dans la zone correspondant à peu près à celle des calmes sur notre planète. On doit apercevoir en outre les contre-alizés.

Quant aux satellites des planètes, on remarque généralement une forte inclinaison de leur plan équatorial sur l'orbite.

Certains même sont presque perpendiculaires, comme les 2° et 4° d'Uranus.

Si l'on veut bien se reporter à notre figure n° 1, on verra que le soleil provoque un double mouvement de refoulement à son zénith : l'un vers le Nord et l'autre vers le Sud. Le mouvement vers le pôle a pour effet d'augmenter la rotation vers l'Est, tandis que celui vers le Sud tendrait à faire tourner la Terre vers l'Ouest.

Si la déclinaison du soleil augmentait jusque vers 85° par exemple, la rotation vers l'Ouest pourrait l'emporter sur la rotation vers l'Est, et la Terre se mettrait à tourner en sens contraire.

N'est-ce pas ce phénomène qui s'est produit, dès l'origine, sur les deux satellites d'Uranus, dont la rotation normale a été modifiée par la forte inclinaison de leurs plans équatoriaux sur leur orbite ?

Cette lutte entre l'impulsion vers l'Est et l'impulsion contraire vers l'Ouest, est précisément l'une des causes du minimum de durée de rotation de la terre sur elle-même, à l'époque des solstices.

Aplatissement des planètes.

Nous avons fait ressortir, dans notre théorie du mouvement différentiel, que le refoulemement vers les pôles mêmes était nul, lorsque le soleil se trouvait dans le plan équatorial de l'astre, $\sqrt{\sin \Pi}$ étant égal à zéro.

La marée polaire augmente au contraire avec la déclinaison.

Lors du refroidissement des pôles des planètes, il est permis de supposer qu'il existait dans ces régions une sorte de marée moyenne, plus petite que la plus grande.

Aussi, toutes autres circonstances de force centrifuge et de refroidissement étant égales, ne pourrions-nous pas conclure, d'accord avec notre théorie, que l'aplatissement des planètes diminuera avec leur dis-

tance au soleil et l'inclinaison de leur équateur sur le plan de l'écliptique?

En effet, Mercure et Vénus ne sont pour ainsi dire pas aplatis aux pôles ; la Terre l'est de $\dfrac{1}{299}$; Mars de $\dfrac{1}{30}$, Jupiter de $\dfrac{1}{16}$, Saturne de $\dfrac{1}{10}$ et Uranus de $\dfrac{1}{9}$.

CHAPITRE XVI

PREUVES DE LA THÉORIE DU MOUVEMENT DIFFÉRENTIEL

Nous pensons avoir suffisamment établi directement que les marées sont dues à la différence des forces attractives horizontales des astres, la somme de toutes ces différences étant égale à la force elle-même.

En effet, nous avons démontré que ces forces différentielles suffisaient seules à donner à la mer une forme inclinée particulière, permettant d'expliquer tous les phénomènes connus, notamment l'élévation ou l'abaissement de plus d'un mètre même du Grand Océan.

A l'appui de notre théorie, nous pourrions invoquer la vérité de tous les corollaires qui en découlent, et dire que notre principe, n'eût-il pas été démontré directement, le serait par toutes ses conséquences qui se vérifient facilement.

De nombreux points de la science, restés inexpliqués jusqu'à présent, ou pour le moins obscurs, ont trouvé dans notre formule générale une explication rationnelle et d'une étonnante simplicité. Et si l'on songe qu'une seule hypothèse a suffi aux phénomènes si variés et si complexes de la mer, de l'atmosphère et des tremblements de terre ; aux courants supérieurs, aux courants inférieurs, visibles ou invisibles ; aux dépressions, aux surélévations ; aux cyclones ; aux taches solaires ; aux marées planétaires ; à la force centrifuge ; à la rotation des astres, à l'inclinaison de l'axe de rotation sur le plan de l'orbite, à l'aplatissement des pôles, etc., on a le sentiment intime que cette hypothèse mérite mieux que ce nom, et qu'elle est une vérité.

Mais, malgré toutes ces preuves, nous croyons utile d'en donner d'autres encore, des preuves tangibles, faciles à vérifier.

Marée basse équatoriale.

Nous avons avancé que les astres produisaient à leur zénith une dépression au lieu d'une surélévation qu'indiquerait la théorie actuelle : nous invoquons comme preuve la marée basse équatoriale qui a lieu à midi.

Hauteur barométrique.

En ce qui concerne l'atmosphère, nous prétendons que si l'on fait le relevé des pressions barométriques de toutes les régions comprises entre les tropiques, on constatera que les plus basses pressions ont lieu lorsque les astres sont au zénith ou au nadir, et qu'une baisse plus accentuée se produit au moment des syzygies.

Et si l'on fait le relevé, heure par heure, des pressions barométriques, aux latitudes égales aux déclinaisons des astres, on observera deux marées basses : l'une à midi, l'autre à minuit.

Cyclones.

Nous ajouterons que les plus grands cyclones se forment au moment des syzygies, et aux latitudes égales aux déclinaisons des astres.

Force centrifuge.

Si nous examinons maintenant l'action horizontale de la force centrifuge, si intimement liée à l'action des astres, puisqu'en fait les marées de la mer ou de l'atmosphère ne sont dues qu'à l'augmentation ou à la diminution de la composante horizontale de la force centrifuge, dans le sens S.-N. ou N.-S., nous devons conclure qu'il y a une forte dépression à l'équateur et aux pôles.

C'est, comme nous l'avons exposé plus haut, une conséquence nécessaire de notre théorie générale de l'action d'une force horizontale variable, dont les différences vont constamment en diminuant. Et nous ne craignons nullement d'ajouter que, si nous avons tort sur ce point particulier, tout l'échafaudage de notre théorie s'écroule.

On admet que la force centrifuge terrestre a donné à notre globe et aux fluides qui le recouvrent une forme déterminée, avec aplatissement aux pôles et renflement à l'équateur.

L'aplatissement des pôles nous étant accordé, nous n'en parlerons que pour mémoire, nous occupant spécialement de l'équateur.

Niveau général de l'atmosphère sous l'action de la force centrifuge.

Si le soleil et la lune n'existaient pas, l'atmosphère de notre planète aurait constamment une dépression équatoriale vers laquelle s'écouleraient les vents alizés, et deux dépressions polaires qui recevraient les contre-alizés. Mais, comme nous l'avons vu, les astres produisent une dépression à leur zénith et à leur nadir, c'est-à-dire dans la région équatoriale, et refoulent l'atmosphère vers les pôles. Ils ont donc pour effet d'augmenter l'action différentielle de la force centrifuge horizontale, depuis leur zénith jusqu'à la latitude de 45°, et de la diminuer depuis cette latitude jusqu'aux pôles, ainsi que du zénith et du nadir à l'équateur, lorsque le soleil et la lune ne sont pas à l'équateur même.

Par l'effet des astres, la dépression équatoriale, due à la force centrifuge, sera déplacée et accentuée, tandis que les dépressions polaires seront diminuées et pourront même être remplacées par des surpressions : dans ce cas, les vents généraux du S.-O. de la grande zone des contre-alizés, n'ayant plus d'écoulement possible vers les pôles, se transformeront en vents du N.-E.

On voit ainsi que les grands courants supérieurs de l'atmosphère correspondant à ceux du *Gulf-stream* par exemple, pourront être annihilés par les astres et avoir même une direction opposée.

Mais le soleil et la lune ont des actions variables ; lorsqu'ils sont dans le plan équatorial, ils augmentent la dépression de cette région, sans influencer celle des pôles ; à une forte déclinaison, ils diminuent au contraire la dépression de l'équateur même, et refoulent le fluide vers les pôles. Donc si l'on prend la moyenne des hauteurs barométriques de l'équateur aux pôles, on n'aura pas une valeur absolument dégagée de l'action de ces astres, mais on obtiendra une indication relative de la forme générale donnée à l'atmosphère, par la force centrifuge.

Or cette moyenne est d'accord avec notre théorie. Elle accuse une dépression à l'équateur, un renflement vers la latitude de 30° pour l'hémisphère boréal, et de 20° pour l'autre hémisphère et deux fortes dépressions aux latitudes de 70° environ.

On n'a pas pu, jusqu'à présent, s'approcher beaucoup des pôles et faire en tout cas des expériences suffisantes à l'établissement d'une moyenne. Mais, comme nous l'avons dit en météorologie, nous pensons que la dépression polaire oscille entre les pôles et des latitudes moins élevées.

D'ailleurs, en étudiant la marche des cyclones ou des grandes dépressions de l'atmosphère, nous avons vu que celles-ci se dirigeaient vers le Nord, et que leur marche était subordonnée à la valeur de la composante centrifuge horizontale vraie. Or cette composante va en diminuant jusqu'aux pôles, où elle est nulle ; d'un autre côté, la difficulté, dans ces régions, de passer d'un parallèle dans un autre devient de plus en plus grande, et l'espace plus restreint, de sorte que la dépression se comble sur place et meurt, en partie pour les mêmes raisons qu'un cyclone à l'équateur. Il en résulte que, de toutes façons, la plus grande dépression moyenne barométrique doit se trouver non aux pôles, mais à une latitude inférieure.

Niveau général de l'Océan sous l'action de la force
centrifuge. — Principaux courants.

L'observation que nous avons présentée, au sujet de l'influence des astres dans l'étude du niveau général de l'atmosphère dû à l'action unique de la force centrifuge, a moins de portée lorsqu'il s'agit du niveau des mers. En effet, l'oscillation semi-diurne de l'Océan répond à peu près définitivement à l'action des astres, sans qu'il y ait de grandes perturbations accumulées à redouter en quelque point, comme cela a lieu pour l'atmosphère dans les latitudes élevées. Si l'on prenait, dans ces conditions, la moyenne du niveau de la mer dans tous les ports du monde, on aurait une figure à peu près dégagée des actions lunaire et solaire, représentant l'équilibre dû à la rotation de la terre. Mais outre la difficulté de faire ce relevé, quel serait le point de départ, le zéro du niveau? Prendre partout la mer comme ce niveau serait répondre à la question par la question ; choisir un point unique pour le globe, celui de Brest par exemple, serait évidemment la vraie solution, celle qu'on décidera un jour, nous l'espérons, mais quel long travail que ce nivellement général de l'Océan, à faire par les continents! Nous sommes donc obligé, en attendant, de nous retourner d'un autre côté.

Si l'on néglige les ports et que l'on observe exclusivement les oscillations du Grand Océan, sous l'action des astres, on remarque que le niveau varie seulement de $0^m,40$ à $0^m,50$ au maximum. Dans ces limites, on peut supposer que le soleil et la lune n'affectent pas sensiblement le niveau général de l'Océan, et faire abstraction des marées. Plus loin cependant, nous verrons qu'il y a lieu de tenir compte de l'action continue du soleil sur le niveau de la mer, à la latitude égale à sa déclinaison, mais cette réserve elle-même que nous devons faire est une des preuves les plus importantes de notre théorie.

L'Océan doit donc trahir lui-même, en dehors des marées, l'état d'équilibre instable dans lequel le place la force centrifuge.

Si l'on jette les yeux sur les courants principaux de la mer, représentés par la planche 8, en dehors de quelques courants secondaires qui auraient pu en obscurcir les indications, on est immédiatement frappé par une similitude de figures. On aperçoit dans chacun des hémisphères, à une distance à peu près égale de l'équateur, et à une latitude centrale d'environ 30°, d'immenses étendues, contenues entre les continents, autour desquelles circulent des courants, dans le sens des aiguilles d'une montre, au nord de l'équateur, en sens inverse au sud. La conclusion qu'on peut déjà tirer de ce premier examen, c'est que ces phénomènes uniformes bien caractérisés, sont dus à une même cause générale.

Si, au lieu de l'Océan, on avait affaire à l'atmosphère, on reconnaîtrait de suite dans ces figures des *anticyclones*, qui s'écoulent vers des dépressions par des courants, tournant comme nous venons de l'indiquer. On sait qu'une pression élevée est la raison d'être de l'anticyclone, et que sa circonférence confine plus ou moins aux pressions basses. Pourquoi n'aurait-on pas des anticyclones d'eau comme on a des anticyclones d'air? C'est la thèse que nous défendons.

Lorsqu'il s'agit de l'air, le baromètre est un indicateur précieux; il signale les différences des hauteurs atmosphériques et donne l'explication facile des effets de l'anticyclone.

Mais le niveau de la mer ne peut être ainsi relevé rapidement par un instrument. Pour le moment d'ailleurs, nous devons démontrer que les parties centrales de ces figures, que nous n'avons pas craint d'appeler montagnes d'eau, sont plus élevées que leurs périmètres dessinés par les courants.

Les courants vont toujours vers des dépressions ; d'un autre côté, la rotation de la terre dévie à l'Est ceux qui vont vers les pôles et à l'Ouest ceux qui vont vers l'équateur, avec d'autant plus d'énergie que leur vitesse est plus grande.

L'étude des marées nous a fait voir en outre que, lorsque le niveau supérieur d'une masse liquide est incliné, *toute la masse* est mise en mouvement vers le point le plus bas, avec une vitesse diminuant comme la racine carrée de la profondeur considérée.

Fig. 8

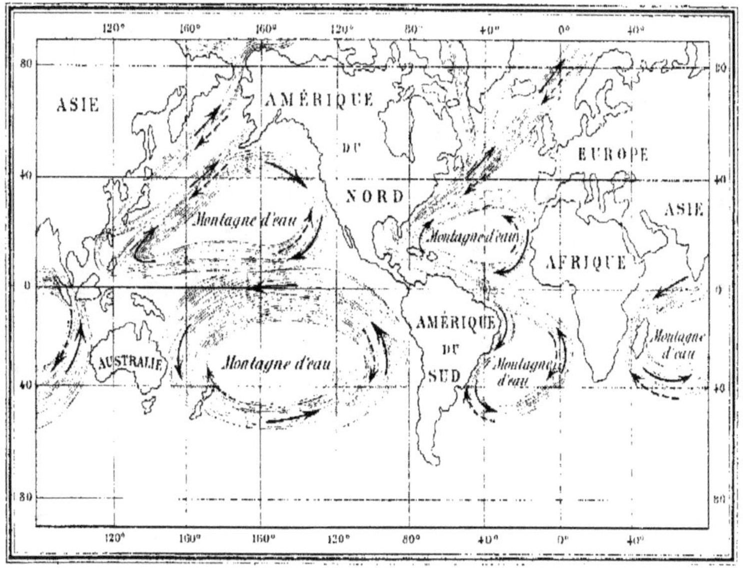

----> Les flèches pointillées indiquent la direction des courants sous-marins dus à
l'action différentielle de la force centrifuge.
<—— Les flèches en trait plein indiquent la direction des courants superficiels dits
de réaction.

L'ensemble de ces faits nous permet d'arriver aux conclusions suivantes :

Les courants du sud de l'hémisphère boréal et du nord de l'hémisphère austral sont provoqués par une dépression de l'équateur, tandis que les courants du Nord et du Sud sont sollicités par deux dépressions des régions polaires.

La déviation de ces courants est maximum à la surface de la mer, et diminue considérablement avec la profondeur, de telle sorte qu'ils atteignent les dépressions mêmes par leurs parties inférieures, comme cela se présente pour les vents alizés ; par exemple, dans notre hémisphère, le *Guclf-stream* se détache d'ailleurs directement de l'anticyclone et coule vers le pôle.

Nous avons avancé que l'action horizontale de la force centrifuge produisait une dépression aux pôles et à l'équateur.

Il est rationnel d'admettre, qu'au moins dans leur direction générale, les courants de la réaction reprendront le chemin inverse des courants de l'action.

C'est en effet ce qui a lieu. Dans l'hémisphère boréal les deux mouvements de refoulement partant du pôle et de l'équateur sont bien accusés. Le premier va vers le S.-O., et le second vers le N.-E., c'est-à-dire en sens contraire des aiguilles d'une montre, pour se confondre dans les montagnes d'eau. La partie accumulée à l'Ouest, comme dans le golfe du Mexique, domine le pôle et s'en retourne vers lui, tandis que celle qui a été projetée vers le nord de l'Afrique, domine l'équateur et y revient par le courant équatorial du Sud.

Courants secondaires de l'Océan.

La terre n'est pas une sphère parfaite ; d'un autre côté, la profondeur de la mer, qui est une des fonctions importantes du mouvement différentiel, varie elle-même dans de grandes proportions. Il en résulte que la dépression qui devrait être théoriquement à l'équateur et osciller également au nord et au sud de ce parallèle, sous l'action des astres, se trouve occuper une position moyenne à quelques degrés au nord de la ligne équatoriale.

Aussi les eaux de l'hémisphère austral s'écoulent vers cette région et donnent naissance au *contre-courant équatorial* dans l'Océan Atlantique et au courant de Malabar dans la mer des Indes, allant tous deux vers l'Est, à cause de la rotation de la terre.

Le contre-courant équatorial semble ne pas être affecté dans sa marche générale par l'action du soleil et de la lune.

Il n'en est pas de même du courant de Malabar, que nous avons représenté par la figure 9, et qui pendant six mois de l'année, d'avril à octobre, va vers le Nord, et pendant les six autres mois vers le Sud, suivant ainsi le soleil. Tout courant allant vers une dépression, la conclusion est facile : le soleil creuse la mer à son zénith, au point de déplacer la dépression due à l'action de la force centrifuge.

Si l'on suivait rigoureusement l'oscillation du courant de Malabar, on observerait, nous en sommes convaincu, que la lune modifie parfois sa direction pendant quelques jours, lorsque, par exemple, en été, elle est à son périgée et à son lunistice dans l'hémisphère austral.

Mais il existe d'autres courants qui semblent être en contradiction avec notre théorie : celui de Groënland et celui de Baffin, continué par celui du Labrador. Tous deux s'écoulent du Nord au Sud, parallèlement au *Gulf-stream* et en sens contraire ; en certains points même les eaux ont l'air de prendre contact.

Le premier descend le long des côtes Est du Groënland, tandis que le second longe les côtes Est du nord de l'Amérique du Nord.

Lorsque nous avons discuté l'action horizontale de la force centrifuge, nous avons fait ressortir qu'elle augmentait avec le cosinus de deux fois la latitude, avec cos 2 λ.

Le refoulement des eaux de la mer va donc en diminuant des pôles à la latitude de 45° ; en outre celles-ci ont, dans notre hémisphère, par le fait même de la rotation de la terre, un mouvement vers l'Ouest qui les rejette sur les côtes Est des continents qu'elles rencontrent, avec d'autant moins de force qu'elles s'éloignent davantage des pôles. La force centrifuge différentielle agit comme $\sqrt{\cos 2 \lambda}$ et la terre, par

COURANT DE MALABAR
ALLANT VERS LA DÉPRESSION DE LA MER
PROVOQUÉE PAR LE SOLEIL AU ZÉNITH.

Fig. 9

ARABIE
GOLFE D'OMAN
INDE
AFRIQUE
Courant de Malabar
Oct. à Avr.
Avr. à Oct.
Oct. à Avr.
Avr. à Oct.
Oct. à Avr.
Avr. à Oct.
Oct. à Avr.
Avr. à Oct.
Ceylan
Équateur
MADAGASCAR

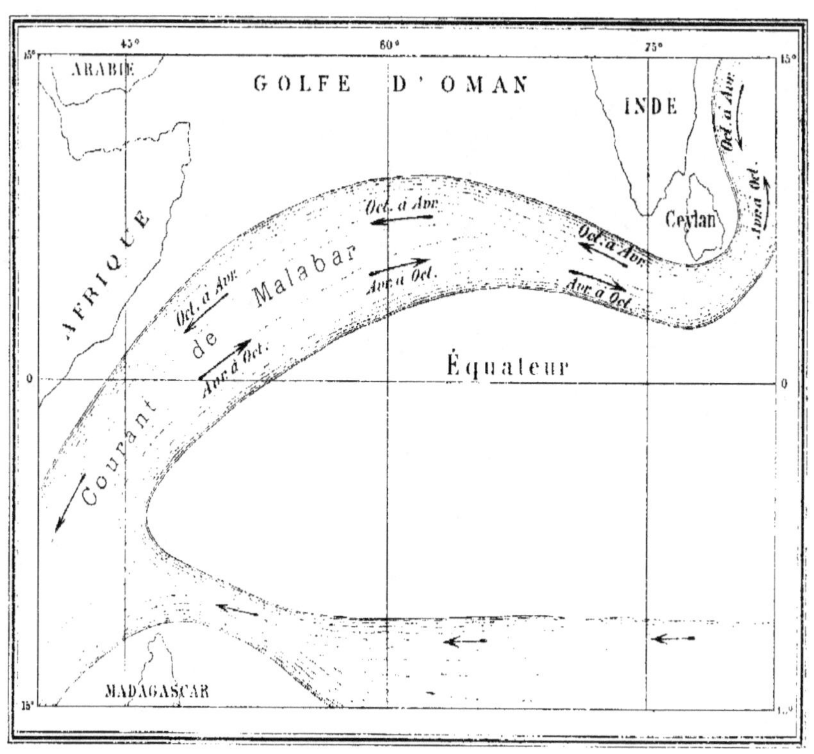

sa rotation, comme $\sin \lambda$; les deux causes agissent dans le même sens. Il en résulte que les eaux s'accumulent d'autant plus sur les côtes Est, qu'elles sont plus rapprochées du pôle : le point culminant se trouvera vers le pôle et le point le plus bas vers la latitude de 45°, plan incliné qui déterminera un courant du Nord au Sud.

Les courants du Groënland et du Labrador ne peuvent donc que confirmer notre principe.

Grâce à notre théorie, nous avons pu donner une explication nouvelle de la cause de tous les courants de l'Océan, explication simple et rationnelle. Ces courants à leur tour affirment que notre théorie du mouvement différentiel est vraie, et s'applique aussi à la composante horizontale de la force centrifuge, en produisant notamment une dépression à l'équateur : principe également vrai pour le soleil et les planètes.

CHAPITRE XVII

CONCLUSIONS

Le lecteur va se demander, le problème des marées étant supposé résolu, ce qui reste à déterminer pour permettre à l'homme de prévoir le temps, en mer, sur terre, de fixer d'avance aux cyclones la marche qu'ils devront suivre, de prédire au besoin les grandes probabilités des tremblements de terre.

Nous ne craignons pas d'affirmer que le problème est en effet résolu dans ses grandes lignes ; que désormais l'homme a la clef des oscillations de la mer, de l'atmosphère terrestre et solaire, et qu'il ne tardera pas à posséder celle des tremblements de terre.

Dans notre théorie, nous n'avons rien demandé à des formules empiriques : négligeant l'analyse, nous attendions tout de la synthèse. Parti de principes simples et connus, nous sommes arrivé, de déduction en déduction, à découvrir, sous forme de théorème, une vérité générale à laquelle la force centrifuge elle-même n'a pu se soustraire[1].

La théorie actuelle n'a pas donné une explication simple du phénomène des marées. Le mouvement moléculaire des eaux, dû aux actions dynamiques, n'a pu être précisé ; on l'a confondu, nous semble-t-il,

---

1. La suppression de l'action verticale du soleil et de la lune, ainsi que celle de toutes les actions communes agissant sur un fluide en équilibre, absolu ou relatif, nous a conduit à la découverte d'un principe qu'on pourrait peut-être appeler le *théorème des trois paradoxes*. Il s'appuie en effet sur trois faits vrais, complémentaires, qui ont une apparence d'inexactitude :

1° Dans l'élévation de la mer, l'action verticale des astres n'intervient pas ;

2° La composante horizontale, seule considérée, produit d'autant plus d'effet qu'elle est elle-même plus faible ;

3° Dans le mouvement moléculaire de refoulement, les molécules se déplacent 10 fois plus facilement à 100 mètres qu'à 1 mètre de profondeur.

avec celui de l'oscillation d'un liquide qui tend à reprendre son équilibre, attribuant à la marée basse ce qui revenait à la marée haute. La nôtre a au moins cette particularité, c'est qu'elle explique tout, sans effort.

Elle montre le mouvement moléculaire provoquant, ici une dépression, là une surélévation, parce que les eaux qui quittent une région doivent trouver place plus loin et la demander à celle dont les molécules ont une vitesse plus faible.

Les marées sont donc produites par l'oscillation des eaux allant des surélévations aux dépressions ; les unes et les autres pouvant être dues, directement ou indirectement, aux actions dynamiques des astres, suivant les latitudes et les déclinaisons.

Les dépressions de l'Océan appellent aussi les eaux des côtes (dont le rôle est passif, à cause de leur peu de profondeur), tandis que ses surélévations les refoulent souvent avec violence : il y a donc oscillation entre la mer et les côtes, chaque équilibre nouveau de l'Océan se faisant connaître d'autant plus rapidement dans nos ports, que la différence des niveaux est plus considérable et la distance moins forte.

Nous avons également indiqué le véritable rôle de la force centrifuge. A ceux qui, comme nous d'ailleurs, recherchent toujours dans la nature le but de chaque chose, nous dirons encore, à l'appui de notre affirmation, que le Créateur ne pouvait négliger d'utiliser la puissante action de la force centrifuge : Dans sa haute sagesse, il l'a affectée au mouvement incessant des molécules, mouvement double et contraire, et même triple, si de l'échange intime et local des molécules, dû à l'action et à la réaction, on rapproche les courants généraux supérieurs et inférieurs, provoqués par les différences de pression et de niveau de l'équilibre général.

Les corollaires de notre principe général des forces différentielles sont nombreux ; on s'en apercevra bientôt par les communications multiples qui vont être faites à la science[1]. Pour tous les phéno-

---

1. Nous avons remarqué avec plaisir que certaines personnes, qui avaient reçu communication de notre premier mémoire, soit qu'elles aient voulu le contrôler, soit qu'elles

mènes restés jusqu'à ce jour dans l'obscurité, on trouvera une explication étonnante de simplicité.

Nous allons citer, au hasard, comme exemples, ceux qui nous viennent à la pensée. La marée unique du Tonkin est due à l'action de la plus grande marée basse locale semi-diurne, véritable manifestation du reste de l'action des faibles forces de la lune et du soleil. Le reflux produisant la marée haute, n'étant pas affecté sensiblement par la seconde marée basse, subsiste pendant 18 heures : c'est la marée haute unique.

Pourquoi la mer Rouge a-t-elle de plus fortes marées que la Méditerranée ? Parce que, comme nous l'avons vu, la largeur des mers importe peu au mouvement différentiel, et que les facteurs vrais sont la profondeur et la différence des latitudes dans le sens du Nord au Sud, celle-ci se rapprochant le plus possible de l'équateur, afin de permettre aux astres d'y trouver leur zénith. Or les latitudes extrêmes de la mer Rouge sont de 12 et 30 degrés, tandis que celles de la Méditerranée oscillent à peine entre 30 et 40.

Le vent du Nord, qui souffle généralement sur le Nil et la mer Rouge, est dû à l'action différentielle des astres et de la force centrifuge : la marée basse est au Sud de la mer Rouge, et la marée haute, au Nord.

Les marées principales de la Méditerranée sont dues à la marée mère de l'Atlantique qui pénètre par Gibraltar, et le niveau de ce grand lac subit toutes les péripéties de celui de l'Océan.

Les marées locales sont peu importantes, à cause des latitudes relativement élevées et de leur peu de développement dans le sens sud-nord ; toutefois, lorsque les astres sont à leur périgée et à une déclinaison élevée, les marées peuvent être relativement considérables.

A l'automne et en hiver, le soleil, très rapproché de la terre, se trouvant en syzygie avec la lune, cause de grandes dépressions atmos-

---

... ont emprunté quelques idées nouvelles, pour en tirer d'autres conséquences, sont parvenus à des conclusions qui ne font que confirmer notre théorie du mouvement différentiel.

phériques sur la Méditerranée, vraies marées basses, et y provoque le mistral descendant de la marée haute qui se trouve sur le continent.

En été, dans le sud de la France, on ressent vers midi une brise du Nord, due au maximum d'action différentielle du soleil, dont la déclinaison est élevée : c'est en quelque sorte le vent alizé reporté dans nos régions.

Et nous pourrions citer beaucoup d'autres exemples.

Nous avons trouvé le rôle dynamique des forces attractives, pourquoi ne pas dire répulsives? du soleil et de la lune : à l'expérience de donner les conditions des réactions hydrostatiques qu'il provoque pour faire, soit les marées hautes, soit les marées basses. A l'expérience aussi de signaler le rôle de la force centrifuge dans l'équilibre rompu.

Lorsque la lune a refoulé l'atmosphère vers le Nord, et qu'elle s'éloigne brusquement de la terre, toute cette masse aérienne revient vers son point d'équilibre, repoussée par les actions hydrostatiques des différences de pression et de niveau et par la force centrifuge. Ce phénomène peut même déterminer des dépressions ayant le caractère de cyclones.

Pour le moment, et afin de profiter au plus tôt des données du problème, il suffira de rechercher quelle était la position des astres, déclinaison, ascension droite, distance à la terre se rapprochant le plus de celle indiquée pour l'avenir, et d'en conclure une action semblable.

Pour la prévision du temps, on aura une variable, l'action solaire, mais dans des limites dont il n'y a pas lieu, suivant nous, de s'exagérer l'importance. Nous pensons d'ailleurs qu'on parviendra à obtenir la courbe de l'activité solaire, suivant la position des planètes, comme nous l'avons démontré.

Nous nous inclinons respectueusement devant les efforts tentés par M. l'abbé Fortin pour trouver, dans le soleil seul, le secret des phénomènes atmosphériques, et nous rendons volontiers hommage à l'homme et au prêtre usant sa vie[1] dans des travaux qui auront une grande

---

1. Ces lignes étaient écrites lorsque nous avons appris que M. l'abbé Fortin venait de

utilité dans l'étude de l'activité solaire et de ses effets ; mais nous faisons nos réserves quant à l'importance du soleil considéré comme foyer de chaleur. Attribuant à l'action différentielle des forces attractives du soleil et de la lune le rôle principal dans les phénomènes atmosphériques, nous ne nions pas le rôle de l'activité variable du soleil, nous le limitons simplement.

Toutes choses égales d'ailleurs, un soleil plus chaud nous donnera plus de chaleur, car il aura une action directe sur la température locale. Mais que peut une faible augmentation de la chaleur, lorsque le mistral souffle, par la grande dépression méditerranéenne ? Que peut-elle encore par les vents du Sud-Ouest qui nous amènent les nuages et la pluie ? Dans le premier cas, nous ressentirons un peu moins le froid ; dans le second cas, les nuages ne nous déroberont-ils pas cet excès calorifique ?

L'activité solaire fait plus ou moins reculer le point de condensation de l'eau en suspension dans l'atmosphère et peut, à ce titre, avoir quelque action sur les orages et les pluies, mais dans la proportion de sa variation, c'est-à-dire dans des limites relativement restreintes.

Nous terminerons ces considérations en demandant au lecteur la permission de lui faire une prédiction, qui à elle seule vaudra bien toutes les autres. Nous sommes intimement convaincu qu'avant la fin du siècle, les phénomènes de la mer et de l'atmosphère n'auront plus de secret pour l'homme.

Lorsque l'on connaît les causes, on n'est pas loin de connaître les effets.

Les phénomènes de la mer seront les plus faciles à déterminer, et la connaissance parfaite que l'on aura des marées sera d'un concours précieux dans l'étude des mouvements de l'atmosphère et celle des tremblements de terre. Aucun fait précis intéressant l'une de ces trois branches ne devra d'ailleurs être écarté, sans qu'on en ait recherché

---

succomber à la tâche, victime de ses recherches opiniâtres. Nous ne pensions pas si bien dire et ne pouvons qu'adresser encore un suprême hommage à ce travailleur infatigable.

avec soin la contre-partie dans les deux autres. Cette triple étude, menée parallèlement, donnera de nombreux points communs qui seront comme autant de jalons assurés pour la route qui conduira à la découverte finale.

Le mouvement et le développement des taches solaires elles-mêmes nous transmettront aussi d'utiles indications.

La science la plus compliquée sans doute sera la météorologie. Au milieu de tous ces conflits de courants, de ces variations du baromètre de l'aiguille aimantée et du thermomètre, il faudra discerner ce qui revient à l'action ou à la réaction, au soleil ou aux courants du Sud-Ouest, etc.

Lorsqu'il se produira une hausse presque générale du baromètre sur l'Europe, principalement dans la région nord, on pourra l'attribuer presque sûrement à la marée haute de l'Atlantique et des régions du Sud ; une baisse générale sera due soit à l'agrandissement d'une forte dépression, soit au refoulement vers l'équateur des masses ramenées par la force centrifuge et la pesanteur, phénomène qui s'observe du reste presque chaque fois qu'un astre passe dans le plan équatorial. Les pressions tendent alors à s'égaliser : il y a baisse dans le Nord et hausse dans le Sud, la force centrifuge et la pesanteur n'étant plus contrariées dans ces régions par l'action des astres vers le pôle. Tous les courants ne trouvant leur puissance de transmission que dans les différences de pression, la hauteur du baromètre, lorsqu'elle pourra être connue d'avance, suffira à la connaissance du temps.

On sait maintenant suffisamment que telles dépressions ou surélévations provoquent tels mouvements de l'atmosphère avec pluie, orages, sécheresse ou froid ; en déterminant les grandes lignes d'abord on leur rapportera peu à peu les détails concernant chaque pays. On peut néanmoins juger de la complication, en songeant que les forces qui refoulent le fluide de l'équateur aux pôles sont les forces qui creusent également, et qu'une forte pression barométrique, résultant des calculs, peut se changer en dépression, si un cyclone ou une dépression de l'Océan y est venu jeter le trouble. Tout dépendra de l'avance que la marée générale aura sur les marées locales. Si les actions de

la lune sont considérables dans les régions équatoriales, la marée
haute du Cancer sera importante et viendra se déverser sur l'Europe
avec pression élevée, que ne contrarierait pas outre mesure la lune à
haute déclinaison, mais relativement éloignée de la terre, et à son premier et dernier quartier par exemple.

Le bulletin météorologique si admirablement fait, consulté jour par
jour, et rapproché de la position respective du soleil et de la lune,
pourra, sans qu'il soit même besoin de faire des premiers calculs,
donner une idée générale des oscillations de l'atmosphère. On y
discernera, après une certaine expérience, ce qui revient à la marée
générale, aux marées locales, aux marées dérivées, ainsi qu'au rétablissement de l'équilibre par la force centrifuge et la pesanteur, principalement lorsque les astres passent dans le plan équatorial. La
variation de la température pourra singulièrement aider dans ce premier travail. Étant bien familiarisé avec ces mouvements complexes,
on pourra se livrer alors utilement à des calculs et relever des
moyennes.

L'Europe n'est qu'un petit coin du globe subissant les fluctuations
des autres continents et surtout de l'Océan. Quelle utilité ne trouve-
rait-on pas à centraliser les renseignements si précis de l'Amérique
du Nord et à les consigner sur le bulletin météorologique de l'Europe,
tous les phénomènes étant rapportés à la même heure absolue? Que
dire aussi de l'installation précieuse de quelques observatoires sur des
îles de l'Océan Atlantique, à la Martinique, aux Bermudes, au Cap-
Vert, aux Açores par exemple? On choisirait des îles peu étendues
et sans montagne élevée, afin d'avoir des indications dégagées des
influences locales et capables de bien définir les mouvements généraux
de l'Océan.

Si l'on parvenait déjà à cette centralisation réalisable, on obtien-
drait, nous en sommes convaincu, des éléments suffisants pour
préciser les oscillations de l'atmosphère, sous l'action des forces
différentielles des astres et des forces terrestres, la pesanteur et la
force centrifuge, et l'on s'acheminerait sûrement vers le but idéal
de la prévision du temps, où les coordonnées de la lune et du soleil,

jointes à la courbe de l'activité solaire, seraient alors seules à consulter.

Mais nous ne doutons pas qu'avant peu, même avec les seuls renseignements que l'on possède actuellement, on ne puisse prévoir que l'hiver sera doux ou rigoureux, l'été sec ou pluvieux, dans telle grande région de l'Europe ou de l'Amérique du Nord.

C'est ainsi que dès le début, nous l'espérons, on vérifierait une théorie qui vise à l'insigne honneur de donner une orientation nouvelle à l'étude si intéressante des phénomènes terrestres.

École spéciale.

Que ne crée-t-on une école spéciale, qui embrasserait dans un faisceau indivisible tout ce qui regarde les oscillations intérieures et extérieures du système solaire ? Les entrailles de la terre ont des secrets que trahiront peut-être les profondeurs de la mer ou de l'atmosphère ; les taches du soleil, dont chacun est à même de suivre la marche et le développement, diront, mieux aussi peut-être que les relevés compliqués des observations terrestres, les conditions d'expansion des cyclones et des dépressions de notre globe. Réciproquement, nos marées et nos vents alizés nous feront connaître les marées et les vents alizés du soleil.

Distraire la météorologie des marées, celles-ci des tremblements de terre, serait séparer le cœur des poumons, les poumons des vaisseaux, dans l'étude admirable de la circulation du sang. Cette *École spéciale des marées*, recrutée d'abord parmi les marins, les météorologistes, les géologues et les astronomes, centralisant tous ces phénomènes, en vulgariserait plus facilement l'étude, augmenterait le nombre des chercheurs et précipiterait le moment de l'épanouissement d'une science qui touche en tous ses points à l'hygiène, à l'agrément et à l'existence même de l'homme. Quelque vaste que paraisse la mission confiée à ces savants, un seul sujet serait cependant livré à leurs méditations : le cyclone. C'est lui en effet qui, sous toutes ses formes,

est le grand agitateur des fluides et donne la loi des oscillations. Et,
pour ne citer qu'un exemple des merveilles de cet agent de mouvement, de chaleur et de vie, disons, en terminant, le rôle le plus immédiatement intéressant qu'il ait reçu du Créateur : il doit fouiller l'atmosphère terrestre dans tous ses replis, secouer les régions inactives,
et opérer dans la grande masse aérienne une sorte de brassage général, nécessaire à la respiration de l'homme, des animaux et des plantes.

TABLE DES MATIÈRES

Nancy, imp. Berger-Levrault et C⁰.